废弃玻璃钢再生利用
研究进展与关键技术

Research Progress and Key Technologies in the
Recycling of Discarded Glass Fiber Reinforced Plastics

马国伟 张 默 著

中国建材工业出版社
北 京

图书在版编目（CIP）数据

废弃玻璃钢再生利用研究进展与关键技术／马国伟，
张默著. -- 北京：中国建材工业出版社，2024.7
ISBN 978-7-5160-3647-1

Ⅰ.①工… Ⅱ.①马… ②张… Ⅲ.①玻璃钢－工业
废物－废物综合利用－研究 Ⅳ.①X7

中国版本图书馆 CIP 数据核字（2022）第 249575 号

内 容 简 介

　　本书共分为 7 章，总结归纳了玻璃纤维增强复合材料（即"玻璃钢"）的发展历程与生产技术、废弃玻璃钢的主要回收和再生技术，包括物理回收、热解法回收、流化床法回收等。本书针对物理回收的玻璃钢，总结了纤维和粉末产品在聚合物砂浆、传统工艺复合材料以及 3D 打印复合材料中的资源化利用技术和研究进展；着重介绍了再生玻璃钢粉末和纤维在混凝土中的应用性能、增强机理、膨胀问题和解决方法，再生玻璃钢纤维在发泡地聚物和装饰混凝土中高值化利用的探索性研究；简要介绍了再生玻璃钢在沥青混合料和加筋固化淤泥土等道路工程材料中资源化利用的研究进展；最后对玻璃钢未来生产技术、回收技术和利用技术作出展望。

　　本书内容翔实、可读性强，可作为固废资源化处理相关方向从业人员的参考书目，也可作为普通高等院校土木工程相关专业学生的阅读资料。

废弃玻璃钢再生利用研究进展与关键技术

FEIQI BOLIGANG ZAISHENG LIYONG YANJIU JINZHAN YU GUANJIAN JISHU

马国伟　张　默　著

出版发行：中国建材工业出版社
地　　　址：北京市西城区白纸坊东街 2 号院 6 号楼
邮　　　编：100054
经　　　销：全国各地新华书店
印　　　刷：北京雁林吉兆印刷有限公司
开　　　本：787mm×1092mm　1/16
印　　　张：13
字　　　数：300 千字
版　　　次：2024 年 7 月第 1 版
印　　　次：2024 年 7 月第 1 次
定　　　价：**96.00 元**

─────────────────────────

本社网址：www.jccbs.com，微信公众号：zgjcgycbs
请选用正版图书，采购、销售盗版图书属违法行为
版权专有，盗版必究。 本社法律顾问：北京天驰君泰律师事务所，张杰律师
举报信箱：zhangjie@tiantailaw.com　　举报电话：(010)63567684
本书如有印装质量问题，由我社市场营销部负责调换，联系电话：(010)63567692

前 言 | PREFACE

玻璃钢即玻璃纤维增强复合塑料，具有质轻高强、耐腐蚀、耐疲劳等特性，在国防军工、基础设施、风力发电、航空航天、体育用品等领域得到广泛应用。我国自1958年开始发展玻璃钢材料及制品，到目前已成为全球最大的玻璃钢生产和供应国。随着工业制造向轻量化、高性能化的快速发展，我国玻璃钢制品呈持续快速的增长趋势。然而，由此也产生了大量的边角料和退役产品，2021年我国玻璃钢边角料的产量累计达400万吨，预计到2030年退役产品将超过3000万吨。废弃玻璃钢不仅给生产企业造成巨大的固废处置压力，而且造成了严重的环境污染和资源浪费。

自20世纪80年代起，美国、日本、英国、德国、丹麦等国开启了对废弃玻璃钢资源化处理的研究和推广工作，我国从20世纪90年代也开始意识到废弃玻璃钢的污染问题和再生价值，许多科研人员、玻璃钢制品生产和使用的相关从业人员相继开展了玻璃钢边角料和退役产品再利用的探索研究，从早期简单的直接利用、焚烧掩埋、能量利用，到近年来在物理回收、化学回收、资源化利用等方面开展的前瞻性研究，我国的高校、科研院所、企业单位都在积极推进废弃玻璃钢的资源化处置。

然而，废弃玻璃钢的回收利用存在很多问题。第一，废弃玻璃钢来自各类产品的边角料和退役制品，如化学储罐、风机叶片等，来源广泛，性质复杂。第二，传统的焚烧、掩埋等处置方法带来严重的空气污染和土地占用问题，现有利用技术大多存在能耗大、效率低、设备要求高、二次污染等问题。第三，目前产业化前景最好的物理回收法，再生材料尺寸混杂、性能不均一，只能应用于低值化材料的制造，不仅不能充分发挥回收玻璃钢的价值，而且不能满足未来大批量退役产品的消纳需求。由于建筑材料量大面广，将玻璃钢破碎后应用于相关的复合材料、水泥基材料和沥青材料中是目前研究最主要的方向，然而受限于理论认知的不足、材料性能的不稳定等因素，依然缺乏废弃玻璃钢建材资源化利用技术与产品的推广应用。

本书作者依托河北省自然科学基金重点项目《工业玻璃钢废弃物高性能建材中资源化应用研究》和河北省重点研发计划项目《回收玻璃纤维增强塑料资源化利用成套技术与应用示范》等多项科研项目，开展了废弃玻璃钢建材资源化利用相关的大量试验研究并取得了一定进展。在此基础上，本书归纳了废弃玻璃钢的主要来源和回收技术，系统介绍了物理回收玻璃钢在混凝土、高聚物复合材料以及道路工程材料中的研究成果和最新研究进展，并对废弃玻璃钢批量化、高值化回收利用的途径进行了展望，旨在为玻璃钢废弃物资源化处置的科研、从业、教学、培训、管理人员等提供相关知识和信息。

本书在编写过程中参考了许多专家、学者的文章和国内外企业的新技术、新工艺、新方法，并且得到了中国物资再生协会纤维复合材料再生分会、河北安恕朗晴环保设备有限公司、国能联合动力（保定）有限公司、北京宝贵石艺科技有限公司、河北交通投资集团公司、金风科技河北有限公司等许多单位和同仁的支持和帮助，在此表示衷心的感谢。另外，感谢课题组周博宇博士、邱鑫鑫硕士、兰添晖硕士、李航硕士、臧涌泉硕士在试验研究、文献搜集和整理过程中提供的帮助。

废弃玻璃钢的回收、再生和利用涉及化工、复合材料、机械、建材等多领域多学科，目前仍然处于基础性研究阶段，许多问题有待进一步研究、许多技术有待进一步改善，因此书中的疏漏和不足之处在所难免，敬请读者批评指正。

著者

2024 年 5 月

目 录 | CONTENTS

1 绪论 001

1.1 玻璃钢的定义 001

1.2 玻璃钢的发展历程 001

1.3 玻璃钢的产品分类 002

1.4 玻璃钢的废弃与回收 006

1.5 小结 009

2 废弃玻璃钢的回收方法 011

2.1 回收方法 011

2.2 物理回收 012

2.3 热解法回收 020

2.4 流化床法回收 023

2.5 化学法回收 027

2.6 其他方法 030

2.7 小结 033

3 回收玻璃钢在聚合物复合材料中的资源化利用 034

3.1 回收玻璃钢粉末增强聚合物砂浆 034

3.2 回收玻璃钢纤维增强复合材料 037

3.3 3D打印回收玻璃钢增强复合材料 041

3.4 小结 049

4 回收玻璃钢粉末在混凝土中的资源化利用 050

4.1 回收玻璃钢粉末的特性 050

4.2 回收玻璃钢粉末增强混凝土 052

4.3 回收玻璃钢粉末混凝土膨胀现象及其影响 064

4.4 回收玻璃钢粉末混凝土膨胀机理及抑制方法 071

4.5 小结 086

5 回收玻璃钢纤维在混凝土中的资源化利用 087

5.1 回收玻璃钢纤维的特性 087

5.2 回收玻璃钢纤维增强混凝土 091

　　5.3　全回收玻璃钢增强混凝土 ・・ 102

　　5.4　精细化分选回收玻璃钢纤维增强混凝土 ・・・・・・・・・・・・・・・・・・・・・・・ 112

　　5.5　化学预分散回收玻璃钢纤维增强混凝土 ・・・・・・・・・・・・・・・・・・・・・・・ 119

　　5.6　3D打印回收玻璃钢纤维增强混凝土 ・・・・・・・・・・・・・・・・・・・・・・・・・・・ 143

　　5.7　废弃风机叶片回收玻璃钢骨料增强混凝土 ・・・・・・・・・・・・・・・・・・・ 152

　　5.8　回收玻璃钢纤维增强地聚物 ・・・・・・・・・・・・・・・・・・・・・・・・・・・・・・・・・・・・・・ 155

　　5.9　小结 ・・・ 171

6　回收玻璃钢在道路工程材料中的资源化利用 ・・・・・・・・・・・・・・・・ 172

　　6.1　回收玻璃钢碎片增强沥青混合料 ・・・・・・・・・・・・・・・・・・・・・・・・・・・・・・・ 172

　　6.2　废弃风机叶片回收纤维－粉末增强沥青混合料 ・・・・・・・・・・・・ 178

　　6.3　回收玻璃钢纤维加筋固化淤泥的路用性能 ・・・・・・・・・・・・・・・・・・ 182

　　6.4　小结 ・・・ 186

7　废弃玻璃钢回收利用技术展望 ・・・・・・・・・・・・・・・・・・・・・・・・・・・・・・・・・・・・ 188

　　7.1　生产技术 ・・・ 188

　　7.2　回收技术 ・・・ 189

　　7.3　利用技术 ・・・ 191

参考文献 ・・・ 194

1 绪 论

复合材料是由两种以上物理、化学性质不同的人造材料经设计制造的"组合"材料，不仅可以保持各组分原有的性能优势，而且通过各组分性能的互补和关联可以获得单一组分材料不能达到的综合性能，并可以满足特定的设计和使用要求[1]。复合材料在人类发展进程中拥有较长的历史，并发挥非常重要的作用，其中以纤维为增强材料的合成树脂基复合材料占据着重要的地位，而玻璃纤维增强复合材料（即"玻璃钢"）应用最为广泛[2]。

1.1 玻璃钢的定义

玻璃钢是玻璃纤维增强塑料（glass fiber reinforced plastic，GFRP）的俗称，它是以玻璃纤维及其制品作为增强材料，以合成树脂作为基体材料，并加入多种辅助成分制作而成的一种复合材料[3]。因其强度高，可以与钢铁相媲美，因此人们通常称其为"玻璃钢"。

在玻璃钢中，增强材料主要起到骨架支撑作用，它决定了玻璃钢制品的力学性能，广泛使用的有玻璃纤维无捻粗纱、玻璃布、连续毡及短切毡等。基体材料可以将增强材料连接成一个整体，起到传递和均衡载荷作用，常用材料包括不饱和聚酯、环氧树脂和酚醛树脂等热固性树脂和聚丙烯、聚碳酸酯等热塑性树脂。

热固性树脂是一类能够在固化剂、催化剂或者光、热、辐射等作用下，发生一系列化学反应而形成稳定的、不可逆的交联网状结构的物质；而热塑性树脂分子链间通过范德华力、偶极—偶极相互作用以及氢键等作用力链接，相互作用相对较弱，在热、压作用下可软化或流动，冷却后可重新恢复固态。玻璃钢的耐热性、耐化学腐蚀性、阻燃性、耐候性等都取决于树脂基体[4]。由于热固性树脂强度更高，热稳定性更好，大部分的玻璃钢制品基体为热固性树脂，但是其不可逆的分子结构也为废弃玻璃钢的回收再利用带来巨大困难[1]。

1.2 玻璃钢的发展历程

玻璃钢最早在美国实现工业化生产，随后主要经历了以下历程：

（1）20世纪30年代，美国伊里诺玻璃公司与康宁公司成立合资企业，先后开发出玻璃棉、连续玻璃纤维等产品；

（2）1939年，E玻璃纤维、环氧树脂及不饱和聚酯相继出现，为玻璃钢工业的发展奠定了物质基础；

（3）1945年，玻璃钢用的主要增强材料——短切原丝毡及连续原丝毡投入生产，美国的二十几家玻璃钢公司成立了美国塑料工业协会低压层合材料工业分会，标志着玻璃钢/复合材料作为一门独立的工业体系，已从传统的塑料工业中分离出来；

（4）1952年，沃兰偶联剂、硅烷偶联剂等一系列偶联剂产品的出现解决了玻纤与树脂的界面粘结问题，全面改进了玻纤—树脂基复合材料的性能，为其在各个领域的应用铺平了道路；

（5）1958—1959 年，玻纤池窑拉丝投入生产，极大提高了玻璃纤维以及玻璃钢制品的产量[5]。

我国于 1958 年成功制备玻璃钢板，标志着中国复合材料工业的诞生，历经了以下发展过程：

（1）20 世纪 60 年代，随着纤维缠绕技术和拉挤成型技术在北京 251 厂（北京玻璃钢研究院）的研制成功，玻璃钢在军用、国防领域得到了越来越多的应用；

（2）20 世纪 70 年代，随着生产工艺的发展和原材料的工业化升级，玻璃纤维复合材料逐渐从军用走向民用，并实现快速发展，开始用于化工防腐领域的冷却塔[6]；

（3）20 世纪 80 年代，随着引进英、美、意、加等国拉挤机，我国的玻璃钢连续波形瓦大量生产；

（4）20 世纪 90 年代，我国与世界复合材料工业的新产品和新工艺逐渐同步，开始呈现腾飞态势，SMC 产品、玻璃钢夹砂管产品开始大量生产；

（5）21 世纪以后，高性能的纤维复合材料开始发展，拉挤产品和设备的自动化水平有所提升；

（6）2005 以后，以风电叶片为代表的大型结构构件技术有重大突破，复合材料行业进入了新的发展阶段；

（7）2012 年以后，以先进高性能复合材料为代表的产品在航空航天领域获得了新的发展[2]。

从开始工业化的 1978 年到 2010 年，我国复合材料全国产量达到 329 万吨，我国复合材料产量开始位居世界第一[2]。目前，我国玻璃纤维的产量已经位居全球首列[7]，在国民经济的各个领域都得到了广泛应用，并已向航空航天、国防军工、风力发电等高端领域发展，如图 1-1 所示。

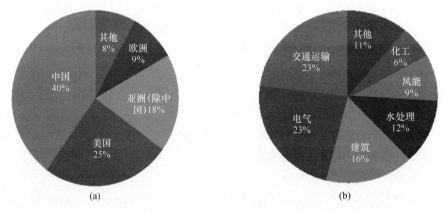

图 1-1　全球玻纤复合材料市场份额与主要应用领域[8]
（a）市场份额；（b）主要应用领域

1.3　玻璃钢的产品分类

玻璃钢制品可以按照原料类型、应用领域、成型方式等进行分类，其中成型方式对玻璃钢材料的力学性能、制品的外形特征有决定性影响，进而对其应用领域起决定性作用，更为重要的是，成型方式直接影响玻璃钢边角料的产生量。因此，本书根据成型方式对玻璃钢制品进行分类。玻璃钢的成型方式主要包括喷射成型、手糊成型、连续制板成型、纤维缠绕成型、拉挤成型、液体模塑成型和热压成型工艺等。

（1）喷射成型工艺

喷射成型工艺是将不饱和聚酯树脂（或乙烯基酯树脂）分别混入引发剂和促进剂从喷枪两侧喷出，同时将短切后的玻璃纤维无捻粗纱，由喷枪中心喷出，使其与树脂均匀混合，沉积到模具上，喷到规定厚度后，再用辊子滚压密实，脱泡，固化成型。喷射成型效率达 15kg/min。由喷射成型工艺生产的制品主要包括玻璃钢浴盆、机器外罩、整体卫生间、汽车车身构件及大型浮雕制品等（图 1-2）[9]。

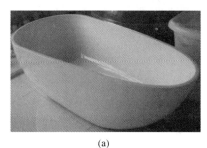  

(a)   (b)   (c)

图 1-2 喷射成型工艺典型应用[9]

(a) 浴盆；(b) 车身；(c) 浮雕制品

（2）手糊成型工艺

手糊成型工艺是加有固化剂（常温固化方式还要加促进剂）的树脂和纤维毡（或织物）在模具上用手工铺层，用滚筒或涂刷的方法赶出包埋的空气，使两者粘结在一起，如此反复添加增强材料和基体树脂，直到形成所需厚度的制品的方法。采用手糊成型工艺制作的玻璃钢产品不受尺寸、形状的限制，例如大型游船、圆屋顶、水槽等（图 1-3）[9]。

(a)   (b)

图 1-3 手糊成型工艺典型应用[9]

(a) 游船；(b) 圆屋顶

（3）连续制板成型工艺

连续制板成型工艺是指在薄膜上用树脂浸渍短切粗纱连续成型平板或波纹板的一种方法。典型应用有透明、半透明和不透明玻璃钢板材（图 1-4）[9]。

图 1-4　连续制板成型工艺典型应用

（4）纤维缠绕成型工艺

纤维缠绕成型工艺是在纤维应力和预定成型控制条件下，将浸过树脂胶液的连续纤维按照一定规律连续地缠绕至模芯或内衬上，待树脂固化后脱膜，获得制品。典型应用有氧气瓶、天然气瓶和玻璃钢管等（图 1-5）[9]。

图 1-5　纤维缠绕成型工艺典型应用

（5）拉挤成型工艺

拉挤成型工艺是将树脂、填料和固化剂等按比例配成混合物放入料槽中，增强材料通过料槽，带着混合物一起进入被加热的模具内，树脂经加热而凝胶，再固化形成玻璃钢制品。这种工艺适合于生产各种断面形状的增强塑料型材，例如棒、管、实体型材（工字钢、槽钢、方形型材）和空腹型材（门窗型材、叶片等）等（图 1-6）[9]。

图 1-6 拉挤成型工艺典型应用

（6）液体模塑成型工艺

液体模塑成型工艺是指将液态聚合物注入铺有纤维预制件的闭合模腔中，或加热熔化预先放入模腔内的树脂膜，液态聚合物在流动充模的同时完成树脂、纤维的浸润并经固化成型为制品的制备技术。典型应用有兆瓦（MW）级风力发电机叶片、F 级真空导入浸胶环氧玻璃布管、耐 SF6 真空浸胶管、雷达罩等（图 1-7）[9]。

图 1-7 液体模塑成型工艺典型应用

（7）热压成型工艺

热压成型工艺中应用最广的是模压成型工艺，是将短切纤维预浸料置于金属对模中，在一定的温度和压力下，压制成型为复合材料制品的一种成型工艺。典型应用有电绝缘板、打印电路板材、SMC 板材等（图 1-8）[9]。

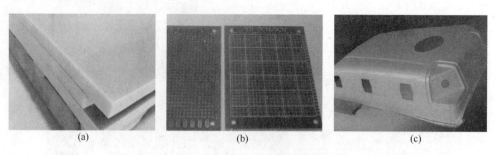

(a)   (b)   (c)

图 1-8　热压成型工艺典型应用[9]

（a）电绝缘板；（b）打印电路板材；（c）SMC 板材

1.4　玻璃钢的废弃与回收

废弃玻璃钢的来源主要为生产过程中的边角料和服役期满或失效的产品。玻璃钢在制造的过程中产生的边角废料约为产品总量的 5%，由此估算，2021 年我国玻璃钢边角废料年产生量约 30 万吨，累计产量约 400 万吨，且呈逐年增长趋势。玻璃钢产品的使用寿命一般在 15~20 年，由此推断，2020 年我国服役期满的玻璃钢产品超过了 600 万吨，到 2030 年将超过 3000 万吨。在未来生产量急速增长和前期产品相继大量退役的双重压力下，废弃玻璃钢的存量将持续快速增加。然而，由于边角料和退役产品在外形、尺寸、组成成分等方面有较大差异，在对其进行分类处理前应分析其不同的特性。

（1）玻璃钢产品边角料

我国玻璃钢产业具有区域型特点，同一地区往往聚集多种玻璃钢制品生产企业，同一企业和不同企业的多种玻璃钢制品产生的边角料一般会堆存在同一地点，丢弃堆存的过程中往往不会进行分类。边角料组成比较复杂，其中还会混杂许多原生产品中具有的其他材料边角料，如塑料、金属、木材等，而且形状、材料性质、颜色等均有较大差距，如图 1-9所示。因此，相比于退役产品，玻璃钢边角料大部分尺寸、厚度较小，无须切割即可进行机械粉碎等回收处理，并且粉碎难度较小；但与此同时，边角料较难进行整体块材

图 1-9　废弃玻璃钢边角料

的二次利用，且树脂、纤维等剩余材料性质差别大，对于化学、热解回收的工艺设计挑战较大。如果要实现边角料的高值化再生利用，必须在生产和废弃物丢弃过程中进行精准分类，针对不同品类的边角料采用适合的回收和利用方式进行处理。

（2）退役和失效制品

不同于边角料，退役和失效玻璃钢制品为具有高强度、高韧性、耐腐蚀、固定尺寸的整体材料。退役制品中大部分为尺寸大、厚度大的产品，回收过程中的运输和切割问题十分突出，其中最为典型的包括退役的风机叶片、汽车和船艇外壳、管道和储罐等。

风机叶片是废弃玻璃钢的重要来源之一，长度从 37.5m 到目前可达 100m 以上，且风场一般位于山区等偏远地区，退役后运输难度大、费用高；叶片复合材料壁厚 4～100mm，叶根部位厚为 100mm，玻璃纤维布可达到 50 层以上的铺层厚度，切割难度极大；叶片各部位的树脂和玻璃纤维密度不均一，且含有大量的泡沫芯材和巴沙木芯材等材料，同时芯材与树脂材料高度复合，破碎后难以分离（图 1-10）。但是，风机叶片的整体性也为其再生利用提供了更多的可能性，因此风机叶片的回收利用往往独立于其他废弃玻璃钢，成为研究的热点。

随着国内外对绿色能源的迫切需求，将有大量风机新建和改造工程，风机叶片复合材料用量也随之迅速增长。到 2025 年风电总装机容量将达到 5.4 亿千瓦时，预计新增复合材料 370 万吨。相应的，风机叶片边角料、退役的早期叶片和服役期满叶片的存料大量增长，且增长速度逐年递增，到 2030 年，累计将有 71.6 万吨固体废物产生[10]。

图 1-10　服役期满的废弃风机叶片

（a）肢解前叶片整体长 56.5m；（b）叶片中部横断面；（c）巴沙木芯材；（d）PVC 泡沫芯材

汽车制造领域的玻璃钢报废制品包括车身壳体、硬顶、天窗大灯反光板、前后保险杠、车内饰件等；多种类型的车身部件，包括前端支架、保险杠骨架、座椅骨架、地板等结构件以及发动机气门罩盖、进气管、油底壳等功能件。玻璃钢汽车退役制品不仅种类繁多，而且产量巨大。自 2011 年开始，我国的报废汽车数量呈递增式增长，2020 年逼近 1850 万辆，随着新能源汽车的快速发展和普及，废弃制品的增量必将迎来新的浪潮。

我国玻璃钢船艇的发展已有 50 多年。据不完全统计，目前我国拥有船艇专业生产厂家 370 余家，500 多家复合材料船艇用材料及配套产品生产企业，产品涵盖渔船、游艇、帆船、赛艇、巡逻艇、渔政船、救生艇、缉私快艇、冲锋舟等上百个品种，100 多种型号，年产量达到上万艘，然而玻璃钢船艇的使用年限较短，未来报废量巨大（图 1-11）。以玻璃钢渔船为例，使用年限一般在 30~40 年，相关的报废制品数量逐年增加[17]。

图 1-11　服役期满的废弃玻璃钢产品[6]

石油、化学、烟囱用管道储罐、脱硫脱硝塔、冷却塔等为另一类主要的玻璃钢退役制品。目前国内主要采用纤维缠绕工艺制造，这类退役制品的主要特点是高度大、口径大、壁厚大、材质均匀、形状规则，利于直接进行二次利用，对切割设备要求较高，且多数制品污染较严重，再生利用之前需要进行清洗（图 1-12）。

 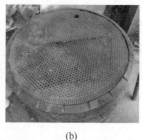 

(a)　　　　　　　　　(b)　　　　　　　　　(c)

图 1-12　服役期满的废弃玻璃钢产品
(a) 化学储罐；(b) 排污井盖；(c) 管道

随着玻璃钢产量的增长，废弃玻璃钢迅速增多，如何处理玻璃钢废弃物已成为一个重要的课题。玻璃钢回收再利用过程主要涉及三方面内容：①废弃玻璃钢的回收方法；②废弃玻璃钢的再生处理技术；③再生玻璃钢的综合利用手段。废弃玻璃钢回收处置已有和正在研究的技术有直接利用法、能量获取法、水泥窑协同处理法、机械粉碎法、热解法、化学溶解法等[13]。

其中，直接利用法能够最直接展示回收效果；能量获取法和水泥窑协同处理法都是利用废弃玻璃钢中的树脂部分产生热值，由于污染问题正逐渐退出历史舞台；其他方法虽然发展时间较短，但具有不同优势，仍是科研人员的研究热点，将在下一章进行详细介绍。

　　直接利用法指将废弃的玻璃钢材料经过切割、表面处理等，作为家具、户外长椅、岗亭等使用。此方法适用于体积较大、无污染、材料性能保持较好的废弃玻璃钢，如退役风机叶片（图 1-13）。

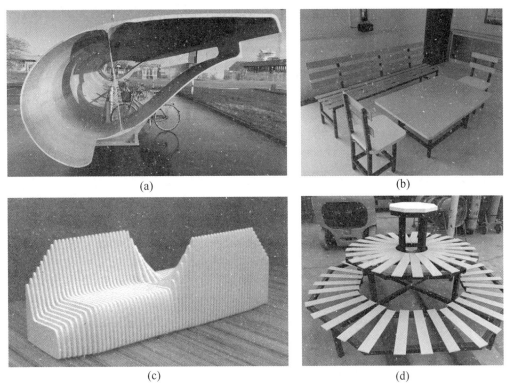

(a)　　　　　　　　　　　　　　(b)

(c)　　　　　　　　　　　　　　(d)

图 1-13　废弃风机叶片直接利用示例

（a）自行车棚（丹麦）[14]；（b）户外桌椅（中国）；（c）沙发（奥地利）[14]；（d）防水花架（中国）

　　能量获取法可有效利用有机物热值用于发电，提供热能等，但对焚烧设备要求一般较高，燃烧过程中容易释放出有害气体，污染环境。且大量的玻纤熔化成玻璃液态，容易黏附在炉体内或者炉箅子上，导致安全隐患。

　　水泥窑协同处理是把玻璃钢废弃物先粉碎为粒径 10mm 大小的颗粒，吹入水泥窑炉内，作为燃料燃烧，残渣作为水泥原料使用。英国、德国对无碱玻璃纤维在水泥窑中的添加组分、添加量进行了大量的试验研究，技术较纯熟。但我国玻璃钢制品的树脂含量不一致、玻纤品种中还存在大量的中碱玻璃纤维，无法实现玻璃纤维品质的一致性，目前还没有完整的试验数据以及成熟的应用经验。

1.5　小结

　　玻璃钢的发展时间不长，因其优异的性能得到广泛应用。废弃玻璃钢的处置问题已成为世界公认的难题，伴随着玻璃钢的大量退役，处置问题越来越严重，开发切实可行的废弃玻璃钢资源化回收利用技术迫在眉睫。目前，虽然废弃玻璃钢在回收、再生、利用等各个环节都取得了一些进展，但仍存在一些关键问题没有得到解决：

（1）我国环保督察之前，玻璃钢废弃物几乎都是无组织排放，大多数地区都是由企业自行处理，主要处理手段为焚烧和非法填埋，给大气和水土带来了严重的污染[15, 16]。

（2）目前，固废产量不清晰，各企业缺少分类回收意识，回收物缺少评价准则，同时缺少政策指导和鼓励，这均不利于固体废弃物的处置和综合利用。

（3）玻璃钢大多采用热固性树脂，一旦成型，其结构会从线性变成三维网状交联，再次加热工程中不能重塑，增加了回收难度。

（4）废弃玻璃钢组分复杂，包含基体树脂、玻璃纤维、无机填料和各类添加剂，提高了粉碎工艺的难度。同时，由于玻璃钢边角料种类繁多，难以控制回收质量。

（5）目前的回收利用技术存在适用范围较小、技术不成熟、再利用价值低、技术门槛高等问题，尚不能实现废弃玻璃钢批量化、高值化、资源化回收利用。

2 废弃玻璃钢的回收方法

　　玻璃钢组成成分中的玻璃纤维和树脂高度复合、树脂在自然条件下难以降解，使废弃玻璃钢的回收成为世界性的难题，而日益广泛的应用、不断增长的需求和相对较短的使用寿命又使废弃玻璃钢的高效回收成为亟待解决的问题。本章将对目前研究最为广泛的废弃玻璃钢回收方法进行详细介绍，并对这些方法的优势与问题进行简要分析。最后对新兴但研究较少的高压破碎法、生物降解法和微波辅助回收等方法进行介绍。

2.1　回收方法

　　废弃玻璃钢资源化利用的关键在于高效的回收方法和高值化的综合利用。按回收再利用废弃玻璃钢的过程是否发生玻璃纤维和树脂的分离来划分，将纤维和树脂未分离的方法称为两阶段回收再利用方法，发生分离的称为三阶段回收再利用方法，如图 2-1 所示。两种回收方法各有利弊，但目前均存在一些技术瓶颈。

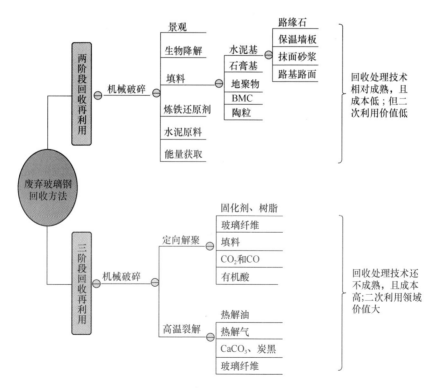

图 2-1　玻璃钢回收方法简介

2.1.1 两阶段回收方法

两阶段回收方法主要是指利用机械破碎方法，即物理回收方法，处理废弃玻璃钢，一般是通过机械切割、破碎等技术将复合材料废弃物处理成尺寸较小的碎片。目前，对回收的 GFRP 尺寸类别没有相关规范指导，以 3 种形态的回收物为主（图 2-2）：①粉末，平均颗粒尺寸在 0.063mm 以下；②纤维，长度大多在 0.02～20mm；③块体，一般来自 GFRP 筋，尺寸取决于 GFRP 筋原材料的直径[17]。

(a)　　　　　　　　(b)　　　　　　　　(c)

图 2-2　不同类型的再生玻璃钢材料

(a) 粉末；(b) 纤维；(c) 块体[17]

两阶段回收方法直接将上述再生材料进行二次利用，应用方向主要有：①高炉炼铁还原剂：把回收玻璃钢粉末吹入高炉，利用再生玻璃钢粉末中的碳与氧气反应生成一氧化碳，把氧化铁粉还原为铁；②水泥窑协同：把废弃玻璃钢先粉碎为粒径 10mm 大小的颗粒，吹入水泥窑炉内，作为燃料燃烧，残渣作为水泥原料使用；③能量加收：将废弃玻璃钢切割、破碎成片（块）状，使用专门设计的焚烧炉焚烧玻璃钢废料，加热锅炉水管形成蒸汽，送去发电或供热点焚烧，回收可燃物的热能。

④作填充材料：将废弃玻璃钢经物理回收成为粉末、纤维或块材，掺入有机复合材料、水泥基材料、沥青混合料等复合材料中作为填料或增韧材料。

2.1.2 三阶段回收方法

三阶段回收是指废弃玻璃钢经过初步粉碎后，通过高温、高压、化学试剂或微生物等方法使其分解成小分子碳氢化合物的气体、液体或焦炭，将填料和纤维从基体中分离。主要的回收方法包括定向解聚和高温裂解两个方向（图 2-1），定向解聚的方法主要有流化床法和化学法以及目前研究比较少的生物酶分解法等，将在以下章节对其进行详细介绍。

2.2　物理回收

2.2.1　原理与技术

（1）物理回收流程

物理回收，一般需经过清洗、切割、粉碎和研磨等环节，最终得到不同粒径尺寸的回收材料。其中，研磨过程由于对设备和能耗需求较高，一般无法进行。粉碎后的回收料尺寸较为混杂，并且常掺杂玻璃钢材料以外的杂质，需要进行材料的进一步的分离和分选。因此将回收的废弃玻璃钢进行清洗后，一般的物理回收过程为切割、粉碎、分离，如图 2-3 所示。首先，通过低速切割机或压碎机将复合材料切成 50～100mm 的碎片；接着，通过锤式粉碎机或者高速切割机将碎片的尺寸进一步减小至 10mm～50μm；最后，通过将碎屑过筛（有时采用气旋辅助），得到不同尺寸的回收产物[18]。

图 2-3　机械回收流程

由于强度高、质量轻，玻璃钢常用于风机叶片、化学储罐等设施，体积越来越大，如 GE 公司的 Haliade-X 12 MW 海上风机叶片达到 107m 长，中复连众制作的全球直径最大的储罐直径达到 25m 等。这些构件的体积、厚度均很大，不易切割、运输。国内企业研制了可移动式的大型切割设备便于现场切割（图 2-4）。

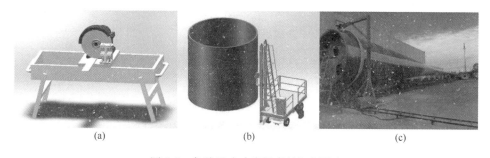

图 2-4　各种尺寸玻璃钢废料切割设备

（a）小尺寸废料切割设备；（b）玻璃钢化学储罐可移动式切割设备；（c）风机叶片现场切割设备

玻璃钢作为复合材料，其中的玻璃纤维在树脂基体中形成三维空间网状结构，两者高度复合，韧性、强度较高，传统粉碎设备不能较好地对其进行破碎。国内外的研究机构针对玻璃钢的这些特点研制了多种破碎设备，如我国研制生产了 SCP-640 型玻璃钢专用破碎机，处理能力为 300kg/h，建立了一条片状复合材料（sheet molding compound，SMC）废弃物回收利用示范生产线，每年可回收利用 SMC 废弃物 30t；日本研究成功开发一套破碎能力为 300kg/h 的粉碎专用设备，该设备在不使用过滤网的情况下的破碎粒度为 40～50mm；瑞士开发的双轴和单轴破碎机破碎能力为 1000～100000kg/h，破碎粒度为 30～300mm，并且粒度可调。

（2）回收料的基本性质

由于大部分的破碎或粉碎设备在破碎过程中尚无法实现尺寸的精准控制，回收料的尺寸范围较大，需根据回收颗粒尺寸确定资源化利用的应用领域。回收产物的颗粒尺寸及其对应的主要应用领域见表 2-1[19]。

表 2-1　粉碎法回收粒料尺寸及应用领域[28]

颗粒尺寸	应用领域
＞25mm×25mm	建筑材料，如废纸制造的纸板、轻型水泥板、农用地面，覆盖材料和隔声材料等
3.2～9.5mm	屋顶沥青、块状膜塑料（bulk molding compound，BMC）、混凝土等的填料，铺路材料补强剂和填料等
＜60μm（200 目）	SMC、BMC 和热塑性填料等

一些研究中将回收玻璃钢根据筛分的回收料长度划分为粗大、中等、细小组分[19]。粗大组分长度为 0.4～2.7mm；中等组分长度为 0.4～1.4mm；细小组分长度为 0.2～0.7mm，如图 2-5 所示。研究表明，不同尺寸的破碎玻璃钢中有机成分和无机成分是存在差异的，如表 2-2[19] 所示，细小组分中无机成分较高，主要是因为树脂相比于玻璃纤维韧性更高，不易破碎成为更小尺寸。

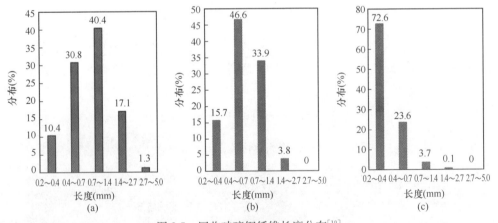

图 2-5　回收玻璃钢纤维长度分布[19]

（a）粗大组分；（b）中等组分；（c）细小组分

表 2-2　玻璃钢中有机成分和无机成分的质量百分比[19]

组分	有机成分（树脂）（%）	无机成分（玻璃纤维）（%）
粗大组分	48.37	51.63
中等组分	44.49	55.51
细小组分	37.83	62.17

粗大组分、中等组分和细小组分的形貌如图 2-6 所示。

(a)   (b)   (c)

图 2-6 经过粉碎、筛分得到的不同尺寸玻璃钢碎料形貌[28]
（a）粗大组分；（b）中等组分；（c）细小组分

更直接的是将回收料分为纤维和粉末两类，便于资源化利用。

① 纤维

废弃玻璃钢经过切割和粉碎后，含有形态不一的多种组分：被树脂粘结的玻璃纤维束、不同长度的玻璃纤维和大小不同的树脂颗粒。粉碎时，通过机械剪切作用，原料中的部分玻璃纤维被切断，变得更短、更小，部分树脂颗粒在强烈的机械作用下变成粉末状。由于玻璃钢材料来源使用的涂料不同，得到的玻璃钢边角料可能有黑色、灰色或其他颜色。当没有着色时一般树脂是透明、略带青色的，玻璃纤维是透明的，填料一般是以白色为主。

图 2-7 是一些回收玻璃钢材料和单根玻璃钢纤维的扫描电子显微镜（SEM）图，从图

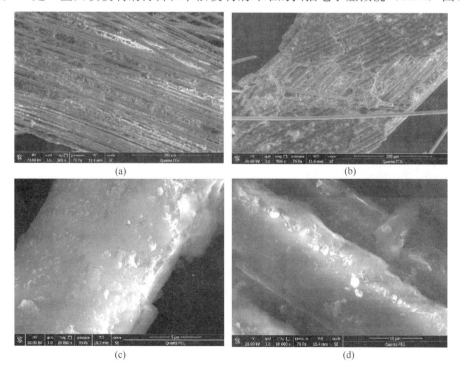

(a)   (b)

(c)   (d)

图 2-7 不同形态玻璃钢 SEM 图
（a）纤维簇；（b）纤维簇；（c）单相纤维；（d）单根纤维

中可以看到玻璃钢主要有玻璃纤维束和一些树脂颗粒，玻璃纤维呈聚集状态主要是通过树脂粘结在一起，但纤维之间并不是紧密结合，单根纤维之间存在着缝隙和孔洞，这将有利于和聚合物基体的均匀混合。从单根纤维的 SEM 图中可以看到纤维表面很粗糙并附着少量有机物质，主要是基体树脂和一些玻璃纤维表面改性剂。

② 粉末

一般来说，物理破碎得到的玻璃钢粉末尺寸呈微米或毫米量级分布，实际尺寸与材料来源和破碎工艺都有关系。在 Mazzoli 等人的研究中[7]，来自船厂的工业副产品玻璃钢粉尘尺寸为 $0.29\sim210\mu m$。而来自苏格兰的磨碎玻璃钢废料尺寸为 $0.02\sim600\mu m$ 在 Asokan 的研究中[20]，玻璃钢粉末的比表面积从 $0.532m^2/g$ 到 $0.961m^2/g$ 不等。

本书作者对废弃光缆盒粉碎的粉末、废弃风机叶片的粉末和废弃电表箱的粉末进行分析。3 种粉末的粒径在 $1\sim10\mu m$ 的含量较少，大部分粉末粒径在 $10\sim1000\mu m$，且粒径为 $550\mu m$ 左右的粉末颗粒含量最多。相比于废弃风机叶片和废弃电表箱粉末，废弃光缆盒的粒径更为集中，而废弃电表箱末粒径最为分散[20]，如图 2-8 所示。

(a)   (b)   (c)

图 2-8　不同种类玻璃钢粉末微观形貌

(a) 光缆盒玻璃粉末；(b) 废弃风机叶片粉末；(c) 废弃电表箱粉末[21]

除了大小不一，形态学研究也表明玻璃钢废料粉末的形状不规则。如图 2-8 所示，废弃光缆盒粉碎的粉末含有较多棱角颗粒状的树脂，而废弃电表箱粉末树脂分布较少，大部分为短棒状的纤维。Mazzoli 等人[7]研究的废弃玻璃钢粉末中包括短棒状的纤维和棱角颗粒状的树脂[7]（图 2-9）。他们借助 ImageJ 图像处理程序对扫描电镜照片进行分析，发现破碎的纤维表面凹凸不平、树脂粉末颗粒大小不一。

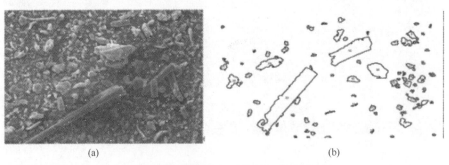

(a)   (b)

图 2-9　回收玻璃钢（rGFRP）粉末形貌

(a) SEM 图；(b) 二值化轮廓[29]

将本书作者的研究结果与 Mazzoli 等人[7]的研究进行对比（表 2-3），不同来源的废弃玻璃钢粉末在化学成分上也表现出很大不同。结合傅里叶变换红外光谱仪（FTIR）和热重分析（TGA）等测试确定，回收玻璃钢粉末中主要含有的有机成分包括热固性不饱和聚酯树脂、热固性环氧树脂、热固性酚醛树脂等。另外。包括二氧化硅、氧化钙、三氧化二铝等氧化物，以及浓度极低的溴化物和氯化物，主要来自玻璃纤维和玻璃钢中的外加填料。

表 2-3   4 种回收玻璃钢粉末的化学成分对比

化学成分（%）	Na_2O	MgO	Al_2O_3	SiO_2	ZnO	CaO	Fe_2O_3	LOI
废弃光缆盒	0.29	6.75	5.89	23.4	0.65	59.9	0.83	1.64
废弃风机叶片	0.38	2.00	11.1	48.4	0.07	29.8	5.53	2.01
废弃电表箱	0.31	2.35	13.80	46.0	6.53	25.0	2.06	3.42
切割废弃粉末	0.54	0.56	18.7	23.7	0.02	11.8	0.35	43.0

从表 2-3 中可以看到废弃光缆盒粉末中 CaO 的含量高达 59.9%，占比最高；而废弃风机叶片、废弃电表箱和切割废弃粉末中的 CaO 占比较低，只有 30%，SiO_2 占比最高，可达 48.4%。

2.2.2　发展与现状

德国的 ERCOM 公司和加拿大的 Phoenix Fibreglass 公司是两家生产 BMC 和 SMC 的公司[22]，他们利用移动式破碎机将废弃 BMC 和 SMC 切割成大小约为 50mm×50mm、密度约为 330 kg/m^3 的碎块，再运送到集中地点使用锤式磨机进一步粉碎，并使用旋风分离器和筛子将其分级为粉末和纤维，然后在新的玻璃钢生产中部分替代纤维使用，已经实现了复合材料物理回收的工业化生产。图 2-10 为移动式破碎机和锤式磨机。

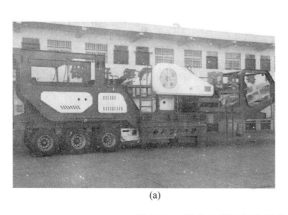

(a)　　　　　　　　　　　　　　　　(b)

图 2-10　废弃玻璃钢回收设备
（a）移动式破碎机[23]；（b）锤式磨机[24]

为提高回收料尺寸分级的效率和精细度，研发人员开发了不同原理的分级设备，如图 2-11 所示的细川微米（Hosokawa Micron）空气分级机和图 2-12 所示的空气"之字形"

分离器，这种技术利用重力和物料在受控气流中的阻力来分离不同密度、形状和大小的物料。每一阶段的分级都会产生两个等级，即"粗"和"细"。在分类过程中，快速的空气流动、与壁的碰撞也能有效地分解纤维束，释放纤维束中的所有物质，从而避免了传统筛分过程中出现的"绒毛球化效应"[22]。

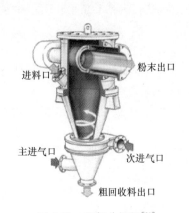

图 2-11 空气分级机[23]

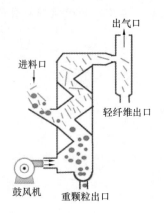

图 2-12 空气"之"字形分离器
工作原理示意

我国的环保设备有限公司在提高回收效率方面有更多进展，现在可处理 800mm×1200mm×50mm 尺寸以下的玻璃钢废料，大于该尺寸的需要进行切割，设备总功率约 200kW，每 8h 处理量 8～20t，每吨处理耗电量 60～100kW（处理不同产品耗电量不同）[25]，如图 2-13 所示，现在已经可以用于处理风机叶片、玻璃钢储罐和玻璃钢管道等比较大型的玻璃钢废料。

图 2-13 工业玻璃钢机械破碎设备

然而，绝大多数物理（机械）回收技术采用简单的碾碎和精磨手段，不但消耗大量的能源，而且再生产品性能较差，只能作为复合材料的增强填料使用。

2.2.3 资源化利用

目前人们对复合材料的物理回收技术已经进行了大量的研究，在现有的工业化生产中有了一定程度的商业化可行性。图 2-14 是利用不同形态玻璃钢制备 BMC 和团状模塑料（dough molding compound，DMC）流程图。

有时仅通过简单粉碎处理，并不能制备出性能优异的材料。有研究者将废弃玻璃钢粉碎作为填充料制备了 BMC[26]，发现材料性能无法与采用新原料制备的 BMC 相比，回收料与新树脂粘接不紧密，两者界面间存在裂纹。但是，J. Palmer 等对回收玻璃钢进行筛分，去除其中粗大片状和细小粉末，留下玻璃纤维束作为 DMC 再成型过程中的增强材料，其机械强度与标准 DMC 相比有一定增加[27]。这说明，使用分离后的回收玻璃钢制备的再生复合材料力学性能较好，具有良好的经济性。

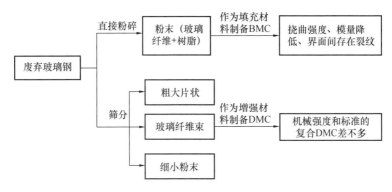

图 2-14　制备 BMC（DMC）复合材料流程[21]

物理回收的再生玻璃钢材料在复合材料、水泥基材料（砂浆、混凝土）、沥青混合料等方面的应用有着非常广泛的研究，本书将在第 3～6 章进行详细的介绍。

2.2.4 优势与问题

物理回收作为目前最主要的回收方法，对机械、技术的要求较低，易操作，没有二次污染，可回收的废弃玻璃钢范围较广，也是其他回收方法必不可少的预处理过程。然而这种方法也存在着一定的局限性。首先，玻璃钢材料机械强度大、硬度高，粉碎难度较高、机械损耗较大；其次，目前主要的研磨机械如锤磨机、球磨机、针磨机等，较难做到精细化粉碎；再次，物理回收法只限于未受污染玻璃钢废料，被涂料、胶粘剂等污染的玻璃钢废料要进行分类清洗后才能使用；最后，目前物理回收料的利用途径多为低值化产品或试验性、展示性产品，要实现高值化、规模化利用，还需要对回收料进一步优化。

2.3 热解法回收

2.3.1 原理与技术

热解法是一种在无氧环境、300~800℃的高温条件下，对纤维增强聚合物予以热分解或解聚，从而回收长而高模量纤维的方法[28]。在惰性气氛下，树脂分解成小分子有机聚合物，作为石油和天然气的形式存在，可以用作液体和气体燃料。热解产物随热解温度的不同而不同，一般来说400~500℃以回收热解油为主，600~700℃以回收热解气为主。热解产物的组成、性能和用途如表2-4所示[29]。

表 2-4　废弃玻璃钢热解产物[29]

种类	ω（产物）（%）	成分	用途
热解气	14	与天然气接近	供热解能量、用作燃料
热解油	14	以芳香成分为主，与重油组成接近	进一步分馏、改性、用作燃料
固体副产物	72	$CaCO_3$、玻璃纤维、炭黑	用作补强剂或填料

热解法在碳纤维复合材料（carbon fiber reinforced plastics，CFRP）和玻璃纤维复合材料（GFRP）回收中均有较为广泛的研究。Nahil 和 Williams[30]在350℃到700℃的不同温度下进行 CFRP 热解回收试验，废弃 CFRP 材料组成为碳纤维和聚苯并噁嗪热固性树脂，热解设备为静态床间歇式反应器，长250mm、内径30mm，通过1.2kW 的管式炉外部加热（图2-15）来调节加热速率、最终温度和最终热解温度保持时间。

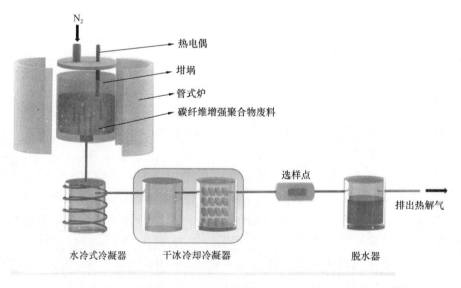

图 2-15　静态床热解反应器[30]

主要过程为：①低压坩埚中装入一定量的废料，加热至350℃、400℃、450℃、

500℃和700℃的不同最终温度，加热速率为5℃/min，并在每个最终温度下保持1h，在此过程中使用氮气作为载气以提供惰性气氛，并从反应器中吹扫逸出的热解气体，保持气体的二次反应；②使用3个冷凝器（1个水冷式冷凝器和2个固体CO_2冷却冷凝器）捕集可冷凝产品，其中最后一个冷凝器装有玻璃棉以除去油雾；③使用填充有去离子水的德雷克泽尔瓶（脱水器）溶解水溶性气体；④通过在位于最后一个冷凝器和脱水器之间的气体采样点处使用气体注射器，在热解过程中定期（每15min）采集热解气样品[30]。

不同热解温度下得到的固体残留物、液体和气体产率如表2-5所示[30]。固体残留物主要为碳纤维，保留了材料的原始硬度和尺寸；液体由蜡（小于5％）、棕黄色油（65％）和水组成。在所有温度下，相对于原始复合材料原始质量的水分含量（6％）都是相似的。从表2-5可以看出，固体残留物产率随着热解温度的升高而降低，而液体和气态产物的产率则随着温度的升高而增加，在350℃时液体产率低（14％）是由于热解不完全所致。

表2-5 碳纤维、聚苯并噁嗪树脂废渣热解产物产率（％）

热解产物	温度（℃）				
	350	400	450	500	700
固体残留物	83.6	75.2	74.4	72.6	70
液体	14	21.6	22	23.6	24.6
气体	0.7	1.3	1.5	2	3.8

不同热解温度下的热解气体组成也有差异，如表2-6所示，由表中可以看到，在温度450℃时，生成的气体中含有丰富的二氧化碳，体积分数为18.9％～59.1％，而在500℃和700℃时，氢气（H_2）和甲烷（CH_4）成为最重要的产物体积分数分别为11.2％～26.5％和7.8％～35.0％。其他碳氢化合物（C_2、C_3、C_4）则是少量生成的[20]。可以看出，控制热解反应器中的温度和停留时间对于完全解聚和回收纤维的清洁非常重要。

表2-6 热解气体的组成（体积分数，％）

热解产物	温度（℃）				
	350	400	450	500	700
CH_4	7.8	18.4	24.3	35	31.7
C_2气体	1.7	1.9	1.6	1.6	1
C_3气体	7.8	12.9	14.5	12.1	7.1
C_4气体	4.7	5.8	6.2	4.5	2.7
H_2	11.2	11.9	12.7	16.6	26.5
CO	7.7	9.7	11.5	11.3	10.1
CO_2	59.1	39.4	28.9	18.9	20.9

与机械回收相比，热解法具备一些优势，例如可以保留一定量的长纤维，可以用于再制造新的复合材料或产品。回收的热解气通常在回收过程中被再利用，以提供回收过程所需的能源。但是，由于热解碳纤维增强复合材料（CFRP）回收的再生碳纤维的力学性能接近于原始纤维（拉伸强度损失5％～20％），而玻璃纤维增强复合材料（GFRP）的部分

力学性能损失较大，且热解技术成本较高，因此相对来说更适合用于 CFRP[44]。

2.3.2 发展与现状

高温热解法在研究领域和商业领域的尝试都较多。德国的 ELG Carbon Fiber 公司应用高温热解法 100％回收了 CFRP 中的碳纤维并用于热塑性复合材料的制造[31, 32]。丹麦开发了一种热解一气化工艺 ReFibre 回收玻璃纤维，并从报废的风机叶片中回收热能，流程如图 2-16 所示。在此过程中，风机叶片在现场用液压剪或类似工具肢解，随后运送到工厂切成 25.4 cm ×25.4 cm 的大块，然后在回转窑 500℃厌氧气氛处理，塑料部分被气化，金属、填充物和玻璃纤维被分离。其中，玻璃纤维经除尘后被切割，可作为绝缘材料和新塑料产品的增强短纤维或填充料再次利用。需要注意的是，玻璃纤维在加热 500℃后刚度几乎不受影响，但是失去了超过 50％的初始强度。

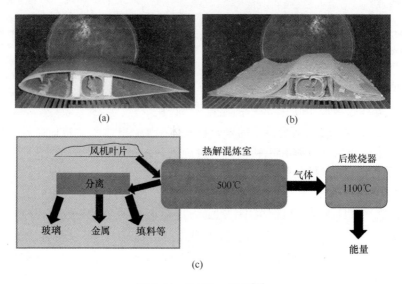

图 2-16　ReFiber 工艺[33]

（a）热解前的风机叶片；（b）热解后的风机叶片；（c）热解-气化工艺 ReFibre

利兹大学在 350～800℃的温度下对一系列复合材料进行热解[18]，研究的复合材料范围包括聚酯、乙烯酯、环氧和酚醛热固性树脂，以及聚丙烯和聚对苯二甲酸乙二酯热塑性树脂，结果发现，聚酯树脂在 450℃时完全分解，而其他树脂一般需要更高的温度（500～550℃）。二氧化碳是产生的主要气体，并混合一氧化碳、氢气和其他碳氢化合物等可燃气体。聚酯复合材料产生的固体残留物含 16％的焦炭和玻璃纤维。虽然回收玻璃纤维强度下降了 50％，但使用其替代 25％纯短玻璃纤维制造的聚酯 DMC 力学性能没有下降。

2.3.3 优势与问题

与机械回收相比，热解法具备一些优势，如可直接处理被油漆、黏结剂等污染的废旧玻璃钢，回收过程安全环保，可保留一定量的长纤维，可用于复合材料制造，回收热解气可在回收过程中再利用提供能源等。但是，GFRP 的回收玻璃纤维力学性能损失较大，且热解技术成本较高，因此相对来说更适合用于 CFRP[34]，因为回收碳纤维力学性能损失较小（5%～20%），且再利用价值更高。

为降低成本、保护设备，可利用水蒸气作为热源，既能促进热分解过程，又能使废旧玻璃钢均匀受热；或者可用含有环烷酸活辛烯酸的碱金属或碱土金属的溶液中浸渍废旧玻璃钢降低热解温度，浸渍后在110～360℃下加热即可分解成有机物、玻璃纤维和碳化物，浸渍液分离后所得的树脂可与玻璃纤维混合制备树脂预混料，碳化物经过加工处理可用来制备其他化工产品。在较低的温度下进行热分解，不仅降低了对分解设备的要求，而且具有更高的安全性能，燃料费用也降低。

2.4 流化床法回收

2.4.1 原理与技术

流化床工艺是指在流化床反应器内用空气作为流化气体，在一定的温度下，将纤维与基体分离的方法。该工艺由英国诺丁汉大学开发，具体是指在高温（450～550℃）条件下，在热空气加热流态化的石英砂床中对破碎后的纤维增强复合材料进行热分解。流化床工艺过程如图 2-17 所示，首先玻璃钢废料或复合材料废料被切割成25mm 大小，之后进入流态化的石英砂床。在450～550℃的温度范围内，用热气流或氮气使砂流态化，气流速度为 0.4～1.0m/s，玻璃钢废料中的聚合物基体挥发，纤维和填料作为悬浮在气流中的单个颗粒被带出流化床。纤维和填料最后通过旋风分离器从气流中分离出来，然后进入在高温（1000℃）下工作的二次燃烧室，聚合物在那里被充分氧化并回收热能量[34]。

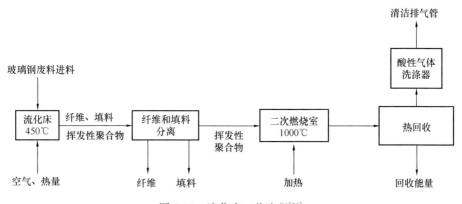

图 2-17 流化床工艺流程[34]

Pickering[36]使用新型旋转筛分离器来释放和收集离散的纤维和填料颗粒，这种分离器位于干舷内部，如图 2-18 所示。该设备壳体由三个法兰不锈钢管组装而成。上面的两个管子组成干舷，流化空气从一根管子进入，在装有电阻加热器的管道段中预热到预定温度，通过基底箱被重新引导到流化床上。粉碎的废旧玻璃钢储存在料斗中，通过进料螺杆引入流化床，流化空气从干舷的另一根管子排出。在干舷内流化气流中，长纤维被去除，填料和短纤维通过，随后在旋风分离器的气流中去除。纤维通过纤维收集箱中的尼龙网从二次气流中收集，再通过可添加保护尺寸的循环水喷雾连续清洗。

在这项研究中，对三种不同形式的工业废料进行了评估：①SMC，其中包括22%短

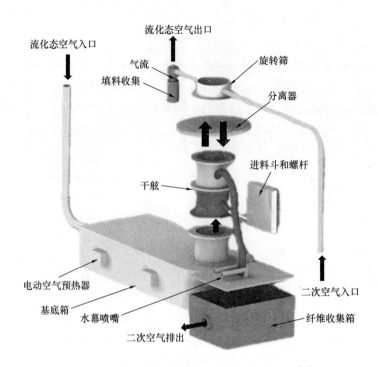

图 2-18　流化床废玻璃钢回收装置工艺流程[48]

切无碱玻璃纤维、25％不饱和聚酯树脂、35％碳酸钙填料、15％氢氧化铝和 3％未指明的聚合物添加剂；②纤维缠绕管，其中包括 35％不饱和聚酯树脂、34％无碱玻璃纤维和 31％二氧化硅填料；③用于车身覆盖件的无碱玻璃、聚酯夹芯板，由树脂传递模塑（resin transfer mclding，RTM）用硬质聚氨酯泡沫塑料芯材、碳酸钙填充的不饱和聚酯树脂夹在两张纤维垫之间制成的，面板两侧都使用了专用底漆和面漆组合，泡沫芯内安装铝插件，纤维和填料各占面板总质量的 15％左右。在加工前，必须对大块复合材料样品物理切割、破碎，SMC 材料使用 25mm 刀距粉碎，通过测定样品在 625℃空气中加热 30min 后的失重来测定纤维产品中有机物的含量。

对于 SMC 材料的回收，粉碎后的 SMC 如图 2-19(a) 所示，从 SMC 材料中回收的纤维产品如图 2-19(b) 所示。在流化床工艺中，较大的颗粒分解速度较慢，导致相对较大的纤维束的堆积；而较小的颗粒，包括微尘、碎片等边缘裸露的纤维分解较快。并且长时间暴露在热床阶段会降低回收纤维的强度。因此，粉碎和筛分阶段比较重要，因为回收料尺寸会随之改变。SMC、纤维缠绕管和夹芯板在 450℃，流化速度为 1.0m/s 的条件下试验结果如表 2-7 所示，SMC 在 60min 内处理了在 6.7 mm 筛余的 2.77kg 原料，以 66％的纯度收集了 0.41kg 的无碱玻璃纤维，相当于 44％的纤维产率。收集的纤维中的填充物污染水平相对较高（24％），有机污染物也很高（10％）。随后纤维产品经水洗，总体污染水平降低到 8％。中等纤维回收率较低是由于废料中细粉比例高所致。这些细粉含有短纤维，它们可以绕过旋转筛分离器，并入回收纤维中。在实际应用中，可能需要在燃烧前将粉尘从进料中分离出来，予以直接回收。

如表 2-7 所示，管材和夹芯板的纤维产率与 SMC 试验相似，分别为 46％和 40％。主要是因为粉碎阶段产生的高比例粉尘降低了纤维回收率[37]。两种类型的废料回收无碱玻

(a)   (b)

图 2-19 废弃 SMC 材料
(a) 粉碎的 SMC；(b) 从 SMC 材料回收的纤维产品[37]

璃纤维纯度约为 80%，比相应的 SM 回收纯度高，主要是因为进料中的填料比例显著降低（管材和夹芯板分别为 31% 和 15%）。同样，通过水洗，两种废料的回收纤维纯度都提高到了 90% 以上。夹芯板燃烧后，床层中有明显的残炭和铝碎片，主要是因为材料中含有聚氨酯泡沫和铝插件。纤维缠绕管的流化床中使用的相对较粗的硅砂，由于惯性等原因，比碳酸钙或氢氧化铝粉末更不容易在二次气流中携带。

表 2-7 不同进料类型的流化床加工细节和纤维等级[37]

复合材料废料	SMC	纤维缠绕管	夹芯板
	粉碎<6.7mm	锤磨<10mm	锤磨<10mm
床温（℃）	450	450	450
流化速度（m/s）	1	1	1
运行时间（min）	60	90	30
进料量（g）	2770	2116	500
全纤维产量（g）	411	300	33
纤维含量（%）	66	81	80
填料含量（%）	24	16	15
有机物含量（%）	10	3	5
纤维产量（纤维加入量,%）	44	46	40

2.4.2 发展与现状

流化床技术回收纤维增强复合材料自 20 世纪 90 年代中期得到开发，许多学者在此基础上进行了研究。Kennerley 等人[38] 以 1.3~1.7m/s 的流态化风速，在 450~650℃ 的温度下从废弃聚酯 SMC 中回收纤维，然后以不同的组合注入 DMC 中。他们发现再生的单根纤维强度比原生纤维降低了 52%（450℃）~64%（550℃），加入超过 50% 再生纤维的新产品的弯曲和拉伸强度降低了 50%，但杨氏模量保持不变。之后 Pickering 等人[37] 进行了进一步研究，证明了再生纤维强度的降低程度完全依赖于加热温度，在 450℃ 下，玻璃纤维的强度降低了 50%；在 650° 下，强度降低了 90%。此外，Jiang 等人[39] 研究了在 550℃、1m/s 速度下流化床回收的 T600S、T700S 和 MR60H 玻璃纤维表面特性，发现回收纤维的表面结构在界面黏结中起主要作用，再生纤维的整体性能接近原生纤维。郑等人[40]以 1 m/s 的流化风速从废弃打印电路板回收玻璃纤维，发现在 400～600℃的温度范围内，玻璃纤维回收率很高（94.8%～95.4%）。Pender K[41]在流化床系统中研究了金属催化剂对 GFRP 回收的影响。他们发现，CuO 能显著加速环氧树脂的热降解，且不会对环氧树脂的力学性能或固化性能产生负面影响，反而会提高环氧树脂的玻璃化转变温度。当应用流化床回收 GFRP 时，玻璃纤维仅可在 400℃下回收，产率高达 59%。

诺丁汉大学开发的从废弃复合材料中回收碳纤维的流化床工艺实现了混合的和受污染的碳纤维复合材料废料的处理[42]。氧化条件可以实现完全去除任何有机材料，流化床工艺可有效地将碳纤维与其他不可燃材料（如金属）分离。该工艺现已发展到具有商业运营代表性的规模，图 2-20 为投入生产的中试规模流化床装置，该装置成功处理了一种由中等模量碳纤维和增韧环氧树脂组成的碳纤维复合材料废料，并回收了高质量的再生纤维。该装置可以在一个规模适合连续运行的工厂使用，其回收碳纤维的年产量为 50～800t。

图 2-20　中试规模流化床装置[42]

2.4.3　优势与问题

与其他工艺相比，流化床工艺更适用于混合和污染的废弃玻璃钢，且可以回收任何聚合物类型的复合材料及混合物，不受涂漆表面或夹层结构复合材料中泡沫芯的影响。金属插件在被送入流化床之前不必移除，因为无机固体（如金属嵌入物）将在流化床中下沉，并可在再分级过程中被除去；而有机污染物（如矿物油和面漆）可随聚合物基质挥发。

由于床层的工作温度较高（这是聚合物相完全燃烧所必需的），需要将复合进料粉碎成 10 mm 或更小的碎片，因此再生纤维一般为分散形式的短纤维，只能用于散装模塑料、非织造纱、薄纸产品的制造中；且该方法回收效率低、回收料残余力学性能低、成本高收益低，仍然处于试验室规模，目前很难作为主流的玻璃钢回收方法。

2.5 化学法回收

2.5.1 原理与技术

化学法回收树脂基复合材料的主要原理是将材料分别还原为原始成分，如分子单体或石油化学原料等，再进一步加工成为再生产品予以资源化利用，其中的玻璃纤维部分保留下来替代原生短纤维在复合材料中再次利用。化学回收法主要包括超/亚临界流体法和常压溶剂法。

（2）常压溶剂法

常压溶剂法的原理就是利用醇类、氨水、硝酸、有机酸等作为反应介质侵蚀树脂基体中的主要化学键，从而达到降解树脂基体回收再生纤维的目的。以常用的环氧树脂基体为例，热固性环氧树脂材料中富含 N、O 等杂原子，这些杂原子以 C-O 或者 C-N 键的形式将单体小分子连接在一起形成三维网状结构的大分子。选择性催化降解的关键是将材料内部的 C-O 或者 C-N 键部分或者全部打开，这就要求所选择的催化活性中心具有较强的与 O 或 N 结合的能力。

二价或三价的 1-萘酚-5-磺酸具有较强的络合能力，所以可以选择金属盐作为催化活性中心，活化树脂材料内的 C-O 或者 C-N 键，使其选择性地断开，从而回收碳纤维和小分子树脂片段。侯相林等[43]以水、甲醇、乙醇或丙醇为溶剂，加入配制成反应溶液将环氧树脂碳纤维复合材料浸渍在反应溶液中，在 160~240℃下进行降解 1~20h，之后分离回收金属盐，并得到环氧树脂降解产物和碳纤维。加入阳离子为 Al^{3+}、Zn^{2+}、Cu^{2+}、Ni^{3+}、Co^{2+}、Fe^{3+}、Cr^{3+} 或 Mn^{2+}，阴离子为卤素离子或硫酸根离子组成的镏金属盐。

利用常压溶剂法回收再生玻璃钢的一般基本流程如图 2-21 所示。流程包括：①将较厚的玻璃钢板切割成较薄、较小的样品；②每个标本用特氟龙支撑杆固定，放入玻璃管中浸泡在 4M（mol/L）硝酸溶液或其他酸溶液中；③将玻璃管放入 80℃的水浴中，浸泡足够时间后溶液变成黄色，树脂完全溶解，仅剩玻璃纤维；④回收的玻璃纤维经离子交换水清洗后在 50℃下烘干；⑤接着用碳酸钠中和黄色回收液体，提取、提纯并干燥后得到低聚体，再聚合后得到再生树脂[44]。

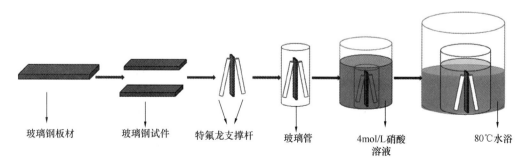

玻璃钢板材　　玻璃钢试件　　特氟龙支撑杆　　玻璃管　　4mol/L硝酸　　　80℃水浴
　　　　　　　　　　　　　　　　　　　　　　　　　　　溶液

图 2-21　化学溶剂法回收玻璃钢流程

（1）超/亚临界流体法

超/亚临界流体法是指利用流体优异的溶解性、可压缩性、较低的黏度和较高的扩散性，使复合材料废弃物中的树脂分解，实现回收纤维的目的。超/亚临界流体法根据溶剂的不同又可分为：水解（介质为水）、糖酵解（介质为乙二醇）和酸溶解（介质为酸）[45]。当使用乙醇或水时，通常使用高温和高压获得更快的溶解速度和更高的效率。酸溶解通常采用大气条件，但反应速度可能非常慢。使用水或乙醇相对清洁，可以通过蒸发（水）和蒸馏（酒精）将两者从溶解的溶液中分离出来。

水是自然界最常见的溶剂，由于其无毒、无污染，在工业上得到广泛应用。当温度高于374℃，压力高于22.1MPa时，水处于超临界状态，具有常态下有机溶剂的性能，可以与氮气、氧气、二氧化碳等气体互溶，既可作为氧化还原反应的介质又可直接进行氧化反应。此外，在超临界水中催化剂内（如 NaOH、KOH 等）的不饱和配位金属离子可与树脂基体中的 N、O 等元素配位，降低了 C-N 键和 C-O 键的键能，促进了树脂基体的有效降解[46]。一般来说，催化剂的加入能够提高树脂降解率10%以上，但是再生碳纤维拉伸强度比原丝降低了 2%～10%[47]。除了 KOH 和 NaOH、K_2CO_3、Na_2CO_3 等也可作为超临界水体系催化剂使用，而且具有更高的催化活性。此外，不管是氢氧化物型还是碳酸盐型，钾系催化剂的催化效率略高于钠系催化剂[48]。

一般来说，有机溶剂的临界温度、压力均比水低，因此更低能耗即可使得有机溶剂达到超临界状态。由于醇类溶剂对酯键能够选择性分解且毒性较低，而且醇具有较低的临界压力（p_c=2.0～8.0MPa）和高的临界温度（t_c=200～300℃），对环境友好，反应条件温和，因此超临界醇广泛应用于碳纤维树脂复合材料降解回收[46]。

2.5.2　发展与现状

利用化学溶剂法回收 CFRP 的研究比较多，同样分为超/亚临界流和常压溶剂法两个主要方向。

（1）超/亚临界流方法

成焕波[49]开发了一种 CFRP 超临界流体回收装置，回收装置主要包括控制单元和降解单元，超临界流体是流体由泵注入反应釜后加热获得的，回收装置和反应釜结构如图 2-22所示。反应釜设计的最高工作温度为 550℃，加热功率为 3kW/220V，承受最高压力为 40MPa，釜内槽体为圆柱体，最大容积为 650mL，搅拌器为产生径向流的四直叶开启涡轮式[50]，釜体和上端盖采用柔性石墨密封圈径向密封。高压调频泵由高压泵体、护罩、大皮带轮、三角传动带、小皮带轮、电机、基脚组成，主要适用于输送温度为 0～100℃、黏度为 0.3～0.8cP 不含固体颗粒的各种介质，为超临界萃取装置配套使用。催化剂要先将固体溶解在反应试剂中，配制成所需浓度的复合溶液后，由夹带剂泵输送至反应釜中。

他们以超临界 CO_2、丙酮、甲醇、乙醇、正丙醇、正丁醇、异丙醇作为反应介质，分析了 CFRP 反应温度和反应时间对环氧树脂基体降解率的影响[49]。首先，将废弃 CFRP 切割为（5±0.05）g 的小片，分片放置筛网并固定于反应釜中；关闭反应釜，加入 CO_2 排出 O_2；向反应釜注入反应试剂并升温、保温降解；降解反应结束后通入冷却水降温，分别收集降解后的固相和液相产物。试验结果表明：超临界 CO_2 对 CFRP 的降解能力较

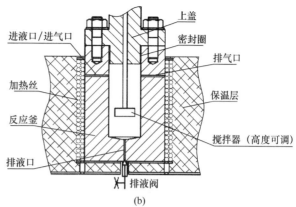

图 2-22 CF/EP 复合材料回收装置与反应釜[59]

(a) 回收装置实物图；(b) 超临界流体降解反应釜结构

弱，超临界 CO_2 与正丙醇或乙醇协同作用降解能力相近，超临界 CO_2 与正丁醇的协同降解能力最强，但是与甲醇协同作用降解能力较弱[50]。

李兰[51]在亚临界水的环境中降解 CFRP，回收得到表面光滑的 CF，并将其重新压制成新的 CFRP，其拉伸强度为原复合材料的 92.85%，弯曲强度为 96.47%，说明亚临界水对回收碳纤维的力学性能影响较小。Shi 等人[52]探索亚超临界温度回收 GFRP，发现材料的劣化取决于回收的温度，温度较低时回收纤维强度降低较少[53]。Nakagawa 和 Goto [54]使用亚临界水和可溶性碱（KOH 和 NaOH）催化剂回收 GFRP，苯乙烯富马酸在 KOH 中转化率和产率分别为 92% 和 99.6%，在 NaOH 中分别为 82% 和 90%。

(2) 常压溶剂法

Liu 等人[25]使用常压溶剂法在玻璃容器中用 8 mol/L 的硝酸溶液分解环氧树脂 CFRP。环氧树脂分解并得到良好力学性能的纤维，与原生纤维相比强度损失为 1.1%。Lee 等人[55]利用循环流动反应器、12 mol/L 的硝酸溶液分解 CFRP，采用 90℃ 持续 6 h，回收的碳纤维拉伸损失为 2.9%。Feraboli 等[52]将环氧树脂浸入 110℃ 的硫酸溶液中回收碳纤维。他们使用相同的环氧树脂和回收纤维及液相材料制造 CFRP，其力学性能（包括拉伸强度和模量、抗压强度和模量、短梁剪切强度、三点弯曲强度）与原生 CFRP 相似。

2.5.3 优势与问题

超临界流体法具有诸多优点，如反应时间较短，回收过程无二次产物，清洁环保，回收产物中的低分子质量有机物质与填料等无机组分之间易于分离等；缺点是该反应过程所需要的条件苛刻，一般需要高温、高压流体才能达到超临界状态，导致对回收设备的要求较高，设备较为昂贵，进行工业化生产处理较难。但超临界流体处理法在资源回收率及回收过程的环境性等方面具有明显优势，且资源消耗较小，所以具有比较好的前景。

化学溶剂法操作简单、设备要求低、无粉尘烟雾，但反应时间一般较长，且溶剂通常会对纤维或环境造成一定的破坏，处理后的废液可能会存在二次污染，所以目前仅限于试验室研究。使用溶剂分解法回收时需要用到大量试剂，反应后混合溶液的后处理也比较麻烦，对于工业化应用还有待研究。

2.6 其他方法

2.6.1 高压破碎法

高压破碎法常用于岩石开采作业，最早在 20 世纪 60 年代开始使用。英国曼彻斯特大学的 P. T. Mativenga 等学者[56]研究了高压破碎法对玻璃钢材料的回收效率。他们采用了一台试验室级别的 SELFRAG 设备[图 2-23(a)]，设备处理腔中盛有 3.3L 水，样品与上部电极之间设定 5mm 的安全距离。高压破碎的操作参数设定为 90~200kV，电极距离为 10~40mm，脉冲频率为 1~5Hz，脉冲电压通过更改电容偏板周围的氮气压力进行调节。作为处理效率的对比，Mativenga 团队采用 1 台图 2-23(b) 所示的 Wittmann MAS1 mini 小型破碎机进行玻璃钢破碎，功率 2.2kW，转轴直径 180mm，转速 200r/min。

他们处理了由长为 50mm 的短切纤维毡手糊树脂制成的玻璃钢材料，纤维的体积含量为 30%。先将废弃玻璃钢切成 40mm×25mm、厚 9 mm、每片约 20g 的碎片，进入处理腔的水中。试验之前通过测试确定了用于分解的最低电压，以保证释放的电火花能量和脉冲数对纤维力学强度产生最小的不利影响。破碎试验采用了 160kV 的电压，10mm 的电极距离和 1Hz 的脉冲频率，选用 500、1000、1500 和 2000 脉冲数来控制输入能量。采用能量消耗总量和释放的能量作为评价处理效率的指标基础。

(a)　　　　　　　　　　　　　(b)

图 2-23　高压破碎法研究中使用的两种破碎设备

(a) 高压破碎设备；(b) 机械破碎机[56]

通过高压破碎回收的产品以纤维为主，机械回收的产品中除了纤维，还含有大量的粉末和颗粒。经过统计，高压破碎的纤维长度较为分散，主要长度随着脉冲数的提高而降低。当脉冲数为 2000 时多数纤维长度为 1~2mm；而机械回收的纤维长度主要集中于

2mm 左右。从回收的产品来看，高压破碎回收物中树脂的残留率较低（32%～37%），机械回收的玻璃钢中仍含有较多树脂（49%～59%）。从效率来看，500～2000 脉冲数的高压破碎的回收效率为 0.04～0.15kg/h，能耗最低为 17.1MJ/kg，最高为 89.1MJ/kg；机械破碎的回收效率和能耗分别为 1.2kg/h 和 6.7MJ/kg。

可以看出，对于试验室级别的回收，机械回收的效率较高，能耗相对较低，纤维尺寸较为集中，但是树脂的残余量较高；相比之下，高压破碎的回收效率偏低，能耗较高，虽然树脂去除量较大、纤维较为干净，但是纤维尺寸较为分散。从进一步利用的角度考虑，这两种方式回收的纤维对于混凝土增韧材料都偏短，但是相信进入工业化后可以对纤维回收尺寸进行调整；如果回收纤维作为再生复合材料的填料或增韧体利用，高压破碎回收方式更有前景，但是其能耗和回收效率是工业化进程必须解决的问题。

2.6.2 生物降解法

生物降解法就是利用环境中的微生物分解玻璃钢废弃物中的基体树脂，使其降解。目前，开发的技术路线主要有微生物发酵合成法、利用天然高分子合成法的化学合成法等。生物法降解玻璃钢废弃物虽然具有明显的环保和经济前景，然而真正能工业化降解使用的菌种还未被发现，所以这里对可参照的生物降解回收塑料进行重点介绍。

塑料降解是指其受到光、热、湿度和化学条件以及生物活性等环境因素影响发生聚合物链断裂和化学转换等引起物理化学变化，并最终造成聚合物性能和功能恶化的过程[57]。以需氧条件下生物降解举例，降解机理如图 2-24 所示。

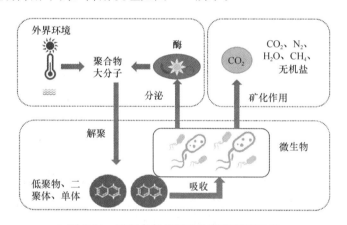

图 2-24 需氧条件塑料生物降解机理示意

生物降解是一系列的复杂过程，首先为聚合物材料在外界环境下碎裂成较小尺寸形状（崩解和生物破碎）；然后是解聚，即聚合物大分子被分解成较低分子质量的低聚物、二聚体和单体；解聚产物被微生物作为碳源用生产能源、生物量和各种初级、次级代谢物等；最后为矿化阶段，在这一阶段这些代谢物被完全氧化并转化为二氧化碳、氮气、甲烷、水和不同盐类。

聚合物材料在降解过程中所经历的环境范围可以包括干燥的空气、潮湿的空气、土壤、垃圾堆、堆肥环境、下水道、污水池、淡水或海洋环境。影响微生物降解速率的环境因素包括温度、湿度、大气压、氧气压力、酸和金属浓度以及光照程度。在实际的自然环境中，降解是非常复杂的过程，除了和聚合物化学结构有关，往往是生物和非生物因素相结合，并伴随化学作用等协同进行，崩解、分散、溶解、侵蚀（可通过酶处理进行）、非生物水解和酶促降解等过程都发挥了作用。一些生物的排泄物可以加速降解，微生物、真菌、细菌或其他生物（如蚯蚓、昆虫、根和啮齿类动物）也可以粉碎产物。

生物降解塑料制品在被使用废弃后，一般有回收与不回收两种可能。回收情况下，生物降解塑料制品可以进行物理回收再利用或化学回收再利用，也可以随其他厨余垃圾或园林垃圾进行堆肥化处置；不回收情况下，生物降解塑料制品会随其他有机垃圾一起进入垃圾填埋场或焚烧厂，少数会被泄漏到自然环境中。

2.6.3　微波辅助回收法

微波辅助回收是一种物理过程，它包括利用热能、加热或物理处理，使聚合物废物降解成基本成分，如单体或其他产品。从这些基本成分中，它们可以重新组合成新的聚合物或用于其他用途。使用微波的回收过程是物理过程，尽管在微波过程中发生的降解是化学过程，但在这种情况下是热分解。

微波加热与传统加热完全不同，它是通过传热来实现的。这种类型的加热也称为电介质，有两种不同的机制。将电磁能转化为热的第一种机制是偶极旋转，根据磁场的作用，分子（带有感应或永久偶极）朝向一个方向。磁场消失后，分子吸收的能量以热的形式释放出来。另一种微波加热机制称为离子传导，产生的热量来自摩擦损失，摩擦损失是在电磁场作用下溶解的离子迁移而产生的。在大多数情况下，水、乙腈和乙醇等极性物质一般都很善于吸收微波。相反，极性较低的物质（脂肪族或芳香族碳氢化合物）吸收的微波较少。

麻省理工学院微波试验室组装了用于复合材料热降解的 2.5GHz 微波系统[58]，如图2-25 所示。该系统包括可移动的短端（1）、圆柱形空腔（2）、水系统（3）、阻抗匹配器（4）、循环器（5）、微米定向耦合器（6）、波导（7）、电力表（8）、微波发生器（9）和供电的高压源（10）。

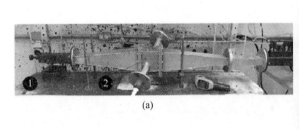
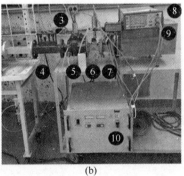

图 2-25　Mauáde Tecnologia 研究所的微波系统[58]
（a）侧视图；（b）细节图

微波技术的主要优点是材料在其核心中被加热，使得热能的传输速率很快，这有助于最小化周围的热损失，从而节省能源。过去 15 年以来，已发现基于微波的热解技术对从废弃复合材料中回收玻璃纤维和碳纤维更有效，并具有将基质降解或分解成油气并进一步利用的经济优势的能力。所以微波技术作为一种辅助回收方法具有比较好的应用前景，但其回收工艺条件还有进一步优化的空间。

2.7　小结

通过回收价值模型分析可以发现，利用回收纤维代替原生纤维可达到相似的力学性能，并且可以节约 50％左右的材料成本。近年来，纤维增强复合材料的回收研究主要集中于热解回收、流化床回收和溶剂法化学回收等方面[59]。工业热解法主要是将复合材料成捆回收，很少对碳纤维进行分类，再生的一般是非连续、随机的或以填充料增韧的毡。溶剂回收和流化床法在节约能源和回收有用纤维基体方面更具有潜力，然而这些方法目前仍处于试验室级别。

目前，大部分复合材料通过填埋或焚烧的方法进行处理，因为后者能够产生能量，以前被归类为一种回收方法，但是欧洲的废弃物框架指令（Waste Framework Directive）不认为焚烧是回收方法，他们这样定义回收："回收就是，无论基于原始的或其他目的，废弃物通过任意一种恢复操作重新加工成产品、材料或物质。包括将有机材料再加工成产品、但是不再生能量，以及加工作为化石燃料或回填材料。"随着社会对环保要求的进一步提升和技术的进步，复合材料的可持续性回收将是未来发展的必然趋势。

3 回收玻璃钢在聚合物复合材料中的资源化利用

随着废弃玻璃钢制品迅猛增加，将废弃玻璃钢通过机械破碎的方式回收并用于聚合物复合材料的再生制造成为其资源化利用的主要途径之一。本章从回收玻璃钢粉末增强聚合物砂浆、回收玻璃钢纤维增强复合材料和 3D 打印回收玻璃钢增强复合材料三个方面对相关研究进展进行介绍。

3.1 回收玻璃钢粉末增强聚合物砂浆

3.1.1 聚合物砂浆

聚合物具有增强砂浆抗渗性、改善干缩性、提高抗冻性、优化孔隙结构等优势，可用于制备聚合物砂浆提高材料的抗弯强度、抗冲击性和耐磨性。但是聚合物砂浆的力学性能有待提高，一般通过添加短切耐碱玻璃纤维和镀铜微丝钢纤维等方法改善砂浆韧性[60]。

聚氨酯（PU）基聚合物混凝土（PC）是一种主要由 PU 基体和无机集料组成的复合材料，由于其固化时间短、耐腐蚀、防水性能好、黏结性能优异，是一种理想的路面修复用胶凝材料。然而，PU 基 PC 固化后的弯曲模量和静弹性模量有待提高，研究证明，添加填充材料是一种可行性较高的增强方法。由于机械研磨后的 GFRP 粉末成本低、热稳定性高、力学强度高、与聚合物兼容性强，研究人员将 GFRP 粉末掺入 PU 树脂来改善PU 基 PC 的力学性能。

复合材料的力学性能在很大程度上取决于填充材料的直径、长宽比、分散状态和活性官能团性质。具有较高表面体积比的填料可以产生较大的接触面，增加其与聚合物基体间的氢键强度，从而改善复合材料的力学性能。此外，GFRP 粉末可以通过阻碍聚合物链端的移动、增加复合材料的交联密度来增加复合材料的模量。然而，由于 PU 基 PC 是由聚合物基体、骨料、填料以及它们之间的界面组成的复杂体系，GFRP 粉末对 PU 基 PC 性能的影响及其作用机理尚不清楚[61]。

3.1.2 回收玻璃钢纤维增强聚合物砂浆力学性能

研究者采用氨丙基三乙氧基硅烷对 GFRP 粉末进行改性，掺入 PU 基体制备增强 PU基体及 PU 基 PC，研究 GFRP 粉末掺量对养护 5h 的 PU 基体和 PU 基 PC 力学性能的影响规律。

（1）回收玻璃钢粉末增强 PU 基体力学性能

利用废弃 GFRP 经研磨后通过 1000 目筛（直径为 $15\mu m$）筛分得到 GFRP 粉末，再采用氨丙基三乙氧基硅烷（KH550）对粉末表面改性以提高其润湿性，用乙醇洗涤去除残留的硅烷，然后在 120℃烘干 2h 得到改性 GFRP 粉末[61]。

通过硬度试验、撕裂试验和拉伸试验研究了改性 GFRP 粉末对 PU 基体力学性能的影响，如图 3—1 所示。加入 GFRP 粉末后，处理 5h 的 PU 基体材料硬度、拉伸强度、撕裂强度和杨氏模量等力学性能均有明显提高，且各项指标先随 GFRP 粉末掺量增大而增加，至 GFRP 粉末掺量达到 15%（质量分数）达到峰值，掺量为 20%（质量分数）时拉伸强度和杨氏模量明显下降，撕裂强度也略微下降。

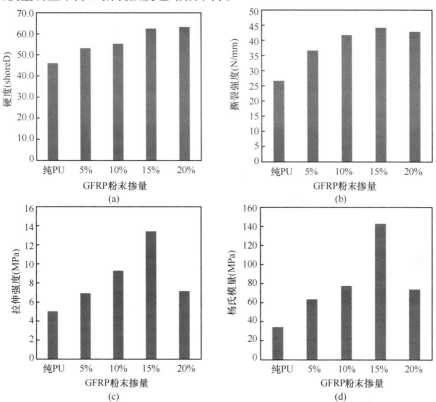

图 3-1　未掺入与掺入不同量 GFRP 粉末的 PU 基体处理 5h 的力学性能[61]
（a）硬度；（b）撕裂强度；（c）拉伸强度；（d）杨氏模量

这些力学性能的增强可能归因于 3 个因素：①高比表面积的 GFRP 颗粒可以与 PU 基体形成较强的分子间氢键，通过弹性过程在断裂边缘附近部分耗散能量；②改性颗粒表面的 $-NH_2$ 基团与聚异氰酸酯的 -NCO- 基团反应生成 -NHCOO- 基团，-NHCOO- 基团具有较高的内聚能，更高的交联度可提高复合材料的杨氏模量；③分散良好的 GFRP 粉末阻碍了链端的运动，使杨氏模量增大、断裂伸长率降低。然而，当掺量过高时，GFRP 粉末团聚引起应力集中，在一定程度上降低复合材料的力学性能。

（2）回收玻璃钢粉末 PU 基 PC 抗压性能

与水泥基混凝土相比，PU 基 PC 试件具有更低的静弹性模量和更高的弹性变形能力，在压缩试验中表现为弹性材料，而 GFRP 粉末的掺入进一步提高了其静弹性模量。如图 3-2所示，PU 基 PC 试件的静弹性模量随 GFRP 掺量增加先增大后减小，掺量为 15%（质量分数）达到最大值。GFRP 粉末与 PU 基体的强界面结合和链端运动阻碍作用是 PC 力学性能提升的主要因素，但是掺量过高时 GFRP 粉末会团聚导致 PU 基 PC 静弹性模量降低。

相应的，GFRP 粉末对 PU 基 PC 抗压强度的影响不是很明显，可能是因为 GFRP 粉末的掺入并不能阻止骨料与 PU 界面处在受压过程中的裂纹扩展。

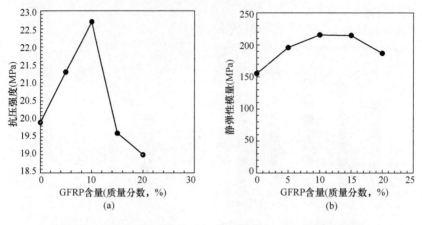

图 3-2　PU 基 PC 试样的（a）抗压强度和（b）静弹性模量

（3）回收玻璃钢粉末 PU 基 PC 抗弯性能

不同 GFRP 粉末掺量 PU 基 PC 试件的抗弯强度和抗弯模量如图 3-3 所示。与压缩试验结果相似，PU 基 PC 试样的抗弯强度和抗弯模量在 GFRP 粉末掺入后有所改善，并随 GFRP 掺量的增加先提高后降低，当 GFRP 掺量为 15％（质量分数）时达到最大值。值得注意的是，GFRP 粉末对抗弯强度比对抗压强度的增强作用更加明显，说明 PU 基 PC 的抗弯性能对于 GFRP 填料与 PU 基体间界面黏结性依赖性更强。

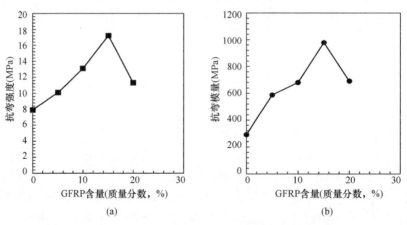

图 3-3　PU 基 PC 试件的（a）抗弯强度和（b）抗弯模量变化

通过 SEM 表征抗弯 PC 样品的断面微结构，研究 PU 基体、骨料与 GFRP 粉末填料之间的界面黏结关系，如图 3-4 所示。GFRP/PU 界面处没有明显的微孔洞，说明 PU 基体对 GFRP 粉末有较强的附着力，有利于力从 PU 基体向 GFRP 粉末传递，从而提高 PU 基 PC 的力学性能。然而，骨料/PU 界面有明显的裂缝，且骨料的粗糙表面只有少数 PU 聚集，说明骨料与 PU 间较 GFRP 粉末与 PU 间的黏结强度弱。

另外，通过 XRD 分析发现，PU/GFRP 复合材料比纯 PU 的宽衍射峰强度降低，当 GFRP 粉末超过 10％（质量分数）时才会出现这种现象，主要是因为 PU 基体与 GFRP

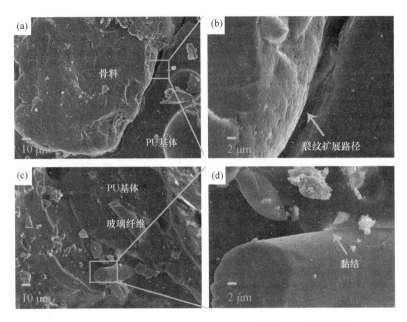

图 3-4 GFRP 粉末增强 PU 基 PC 试件的 SEM 图像[61]

粉末间产生了氢键，阻碍了聚合物链端的迁移，这也说明了 PU 基 PC 力学性能的提升与 GFRP 粉末对 PU 基体增韧作用有关。

3.2 回收玻璃钢纤维增强复合材料

3.2.1 纤维增强复合材料

纤维增强复合材料由增强材料和基体材料组成，高性能纤维为增强材料，合成树脂为基体材料。纤维具有很高的抗拉强度，是纤维增强复合材料强度的主要提供者，主要起承受荷载作用，分为有机纤维和无机纤维两种。其中玻璃纤维是最主要的无机纤维之一。树脂是纤维增强复合材料中常用的基材，包括不饱和聚酯树脂、乙烯基酯树脂、环氧树脂、聚酰胺树脂等。

玻璃钢材料在退役或废弃后依然保有较高的比强度和比模量，因此机械破碎的回收玻璃钢纤维残余强度和模量较高，可以部分或全部代替原生玻璃纤维制造复合材料。然而，由于服役过程中的污染、破碎过程中破损等造成的回收玻璃钢纤维复杂表面，再生复合材料的性能还有待提高，因此研究者对回收玻璃钢纤维进行表面处理和改性，以增强纤维与树脂基体的界面结合能力。

3.2.2 回收玻璃钢纤维增强复合材料的力学性能

研究人员[53]分别采用洗涤剂和丙酮处理原生玻璃纤维（V-GFs），并制成处理过的原生玻璃纤维复合材料 TV-GFRP（洗涤剂）和 TV-GFRP（丙酮），测试抗弯强度，并与原生玻璃纤维增强复合材料（V-GFRP）进行比较，如图 3-5 所示。未处理和处理过的复合材料抗弯强度基本相同，说明洗涤剂和丙酮对 TV-GFRP 的抗弯强度均无影响，可采用洗涤剂和丙酮去除回收纤维表面的不饱和聚酯树脂残留。

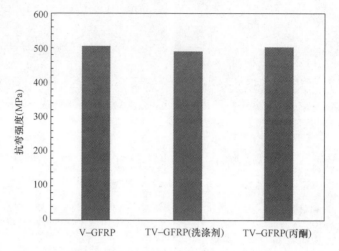

图 3-5　未处理，洗涤处理和丙酮处理的 V-GFRP 的抗弯强度

　　进一步对回收玻璃钢纤维（R-GFs）进行处理，测试回收玻璃钢纤维复合材料 R-GFRP、TR-GFRP（洗涤剂）和 TR-GFRP（丙酮）的抗弯强度，如图 3-6 所示。用丙酮处理的 TR-GFRP 与 V-GFRP 抗弯强度几乎相同。尽管附着在玻璃纤维表面的结块数量和体积减小，但经洗涤剂处理的 TR-GFRP 的弯曲强度仅略有提高。因此，丙酮处理回收玻璃钢纤维对 GFRP/PU 基体界面黏结力的增强作用更为显著。

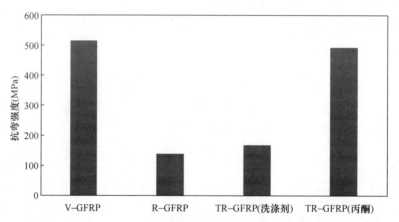

图 3-6　V-GFRP、R-GFRP 与两种溶液处理的再生玻璃纤维增强复合材料
（TR-GFRP）的抗弯强度

　　为研究有机溶剂表面处理对纤维微观结构的影响，通过扫描电子显微镜（SEM）对 R-GFs 和 V-GFs 进行表征，如图 3-7 和图 3-8 所示。R-GFs 表面明显附着大量的树脂颗粒残留，如图 3-7（a）所示，而 V-GFs 表面更干净、更光滑，如图 3-7（b）所示。

　　图 3-8（a）和（b）为 TR-GFs 分别在洗涤剂浸泡 24 h 并超声波清洗 1h 后和在丙酮中浸泡 4h 并超声波清洗 1h 的微观形貌。可见，附着在 TR-GFs 表面的树脂残留颗粒比未改性 R-GFs 的少，并且丙酮处理的 TR-GFs 表面比洗涤剂处理的更干净、更光滑，与 V-

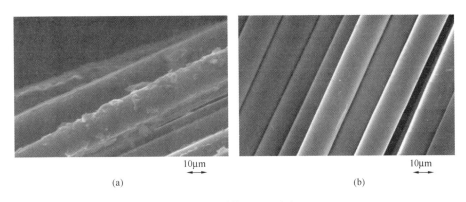

图 3-7　纤维 SEM 照片
（a）R-GFs；（b）V-GFs[53]

GFs 几乎相同。这说明洗涤剂和丙酮都能有效去除纤维表面的不饱和聚酯树脂残留，而丙酮的去除效果优于洗涤剂，与丙酮处理的 TR-GFs 制成的复合材料力学性能更好的结果相一致。

图 3-8　TR-GFs SEM 照片
（a）洗涤剂处理；（b）丙酮处理[53]

采用从废弃风机叶片肢解、切割、破碎获取的回收玻璃钢纤维（rWTB），与高密度聚乙烯（HDPE）、非金属硬脂酸盐润滑剂、马来酸酐聚乙烯（MAPE）和硅烷进行混合，制备回收玻璃钢纤维复合材料，研究不同纤维尺寸对于再生复合材料的影响，同时使用 60 目商业松木作为材料作为对比（表 3-1）[62]。

表 3-1　rWTB 复合材料配表

样品	松木 60 目（%）	3.18mm rWTB（%）	1.59mm rWTB（%）	润滑剂（%）	MAPE（%）	硅烷（%）	HDPE（%）
1	—	50	—	3	—	—	47
2	—	55	—	3	—	—	42
3	—	60	—	3	—	—	37
4	13.75	—	41.25	3	—	—	42

样品	松木60目 (%)	3.18mm rWTB (%)	1.59mm rWTB (%)	润滑剂 (%)	MAPE (%)	硅烷 (%)	HDPE (%)
5	27.5	—	27.5	3	—	—	42
6	41.25	—	13.75	3	—	—	42
7	55	—		3	—	—	42
8	55	—	—	3	2	—	40
9	54.5	—		3	—	0.5	42
10	—		50	3	—	—	47
11	—	—	55	3	—	—	42
12	—	—	60	3	—	—	37
13	—	—	65	3	—	—	32
14	—	—	70	3	—	—	27
15	—	—	50	3	2	—	45
16	—	—	55	3	2	—	40
17	—	—	60	3	2	—	35
18	—	—	65	3	2	—	30
19	—	—	70	3	2	—	25
20	—	—	49.5	3	—	0.5	47
21	—	—	54.5	3	—	0.5	42
22	—	—	59.5	3	—	0.5	37

对掺有不同过筛尺寸（3.18～1.59 mm）的再生复合材料进行抗弯试验，测得材料的弹性模量（MOE）、断裂模量（MOR）和断裂应变（SB）。随着筛孔尺寸的减小，弹性模量（MOE）和断裂模量（MOR）均减小，而断裂应变（SB）保持一致。筛孔尺寸对MOE 的影响略显著，对 MOR 和 SB 的影响不显著。rWTB 水平改变后，所有力学性能均发生显著变化。增加 rWTB 后，MOE 增加，SB 降低，而 MOR 保持不变。

如图 3-9 所示，MAPE 对复合材料的 MOE 和 MOR 有显著的增强作用，且增强作用随着 rWTB 掺量的增加而更加显著。相比之下，硅烷对 rWTB 复合材料的改性作用有限，随着 rWTB 掺量的增加，硅烷对 MOE 和 MOR 的影响减小。此外，MAPE 和硅烷均降低了复合材料的 SB。

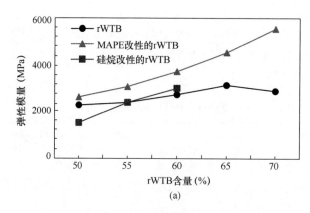

图 3-9　未改性和改性 rWTB 掺量对再生复合材料
（a）MOE、（b）MOR 和 （c）SB 的影响 （一）

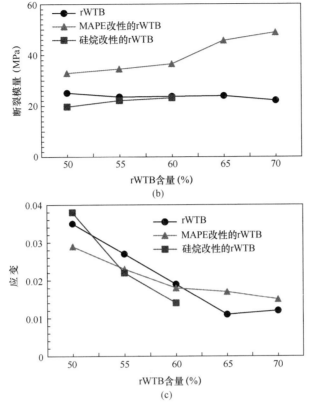

图 3-9　未改性和改性 rWTB 掺量对再生复合材料
（a）MOE、（b）MOR 和（c）SB 的影响（二）

3.3　3D 打印回收玻璃钢增强复合材料

3D 打印技术作为一种增材制造技术（additive manufacturing，AM），运用粉末状金属或塑料等可黏合材料，逐层打印构造物体与传统减材制造相比，可以减少能耗且成型过程更智能化、精准化和高效化。熔融丝制造（fused filament manufacturing，FFF）工艺简单、低成本和损耗小，是广泛应用于复合材料 3D 打印的工艺。但是 FFF 零件通常由纯热塑性材料制成，强度和刚度较低，目前通常采用掺入粉末填料等增韧体进行增强。有研究者尝试利用机械破碎的回收玻璃钢粉末作为 3D 打印复合材料的增韧材料。

3.3.1　回收玻璃钢

研究主要分为两个步骤：首先制备 3D 打印原料，再通过 FFF 工艺打印构件进行测试。3D 打印原料是由聚乳酸（polylatic acid，PLA）和回收玻璃钢纤维经过处理制备的粒料。

采用废弃的风机叶片进行切割、破碎和筛分，获得符合 3D 打印粒料制备所需尺寸的纤维，主要步骤分为三步，如图 3-10 所示：第一步，将废弃叶片切成 20cm×20cm 的片材；第二步，利用研磨机进行片材的研磨；第三步，利用孔径为 3mm 的筛子进行研磨料筛分。由于打印机的喷嘴直径为 0.4mm，粒料中纤维长度不能超过 0.4mm，因此获得平均长度 0.1～0.4mm 的纤维。

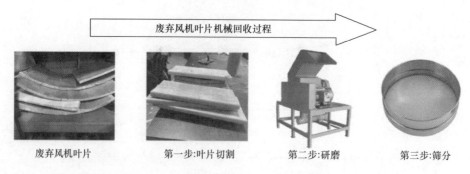

图 3-10　风机叶片机械回收的三个步骤[63]

由于回收料互相缠结较难筛分，一次筛分可获得 60% 满足尺寸要求的纤维，剩余回收料中较大尺寸的部分一般要进行第二次筛分，或者用更大的打印喷嘴进行处理。研究者通过对至少 300 根纤维进行微观分析，确定了不同筛分次数的纤维形貌和尺寸分布，如图 3-11 所示。可以看出，经过第二次筛选后，大多数纤维的长度都在 0.15～0.18 mm 范围内，且纤维束被较好地分离，确保了纤维在 FFF 打印过程中的可加工性。

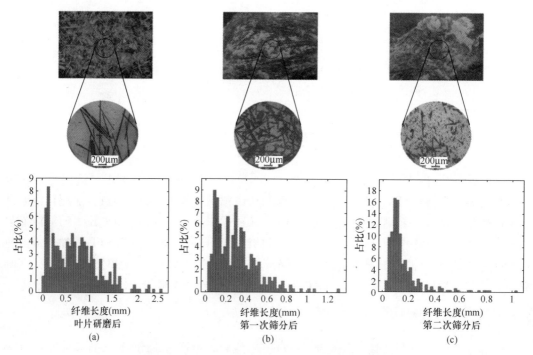

图 3-11　回收风机叶片纤维的形貌和长度分布[63]
（a）直接研磨后；（b）第一次筛选；（c）第二次筛选

值得注意的是，风机叶片中的巴沙木和泡沫部分没有在研磨过程中被选用，因此回收的纤维中只有树脂和玻璃纤维。如图 3-12 所示，残留的环氧树脂仍然部分覆盖纤维表面，由于环氧树脂每个分子拥有一个以上的 1，2-环氧基团，与许多物质具有很强的反应性，如 PLA，使得 PLA 可与环氧树脂之间通过氢键形成良好的黏结。此外，残留的树脂也增加了纤维表面的粗糙度，这些都可提高 PLA 和回收纤维之间的界面强度，而不需要昂贵的热或化学处理过程来去除旧树脂。

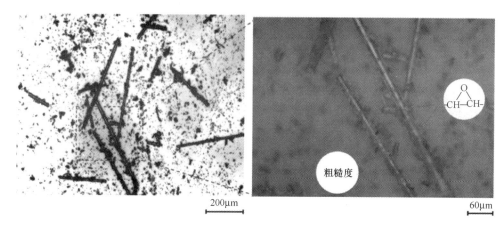

图 3-12　回收纤维表面残留的环氧树脂[63]

3.3.2　回收玻璃钢增强 3D 打印原料

（1）打印过程

回收玻璃纤维增强 3D 打印原料（RGFRP）是由 PLA 颗粒和上一节制备的 5%（质量分数）回收玻璃纤维通过双熔体挤出工艺制备的。将纤维和 PLA 球团在 60℃脱水 4h，以干燥纤维，并将球团的水分含量降低到 0.025% 以下。纤维和颗粒干燥后，将其送入双螺杆挤出机生产粒料，经过再次干燥后送入单螺杆挤出机生产 RGFRP。挤出机参数如表 3-2 所示。

表 3-2　单螺杆和双螺杆挤出机参数[63]

	螺杆速度（r/min）	90
	分区 1、2（℃）	190
	分区 3（℃）	185
双螺杆制粒机	分区 4（℃）	180
	分区 5（℃）	175
	分区 6～8（℃）	170
	螺杆速度（r/min）	25
单螺杆制丝机	模具温度（℃）	210
	卷绕速度（r/min）	1

（2）物理性能

由于 FFF 工艺对复合材料的热力学性能要求较高，采用差示扫描量热试验（differential scanning calorimetry，DSC）对 RGFRP 和纯 PLA 原料进行表征，如图 3-13 所示的曲线所示，相对于纯 PLA 长线，RGFRP 的玻璃化转变温度没有明显变化。

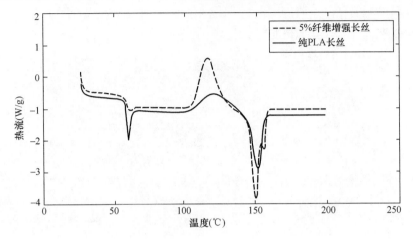

图 3-13　PLA 长丝和 RGFRP 的 DSC 热谱图[63]

研究还进一步计算了 RGFRP 和纯 PLA 的晶体含量，以结晶度（λ_c）代表，按照公式（3-1）计算。

$$\lambda_c = \frac{\Delta H_m - \Delta H_c}{\Delta H_f(1 - W_f)} \times 100 \tag{3-1}$$

式中，ΔH_m 为熔合焓；ΔH_c 为冷结晶焓；ΔH_f 为 100% 结晶 PLA 的熔合焓，取 93.1J/g；W_f 为纤维在聚合物中的质量分数。

两种材料的结晶度如表 3-3 所示，虽然两种样品的结晶度都较低，但与纯 PLA 纤维相比，增强纤维的非晶态更少。因此 RGFRP 结晶度更高，硬度更高，降解速率更低。

表 3-3　纯 PLA 长丝与 RGFRP 的玻璃化转变温度和结晶度[63]

样品	T_8（℃）	T_m（℃）	ΔH_c（J/g）	ΔH_m（J/g）	λ_c（%）
纯 PLA	57.2	150.7	15.84	18.11	2.4
RGFRP	57.87	151.5	24.31	26.74	2.7

虽然两种样品的结晶度都较低，但试验观察到，与纯 PLA 纤维相比，增强纤维的非晶态更少。增强纤维的结晶度越高，纤维的硬度越高，纤维的降解速率越低。

因为复合材料的熔体流动指数是 3D 打印原材料加工性能的一个主要特性，与黏度成反比，采用流变仪（AR2000，TA instruments，USA）测试 RGFRP 和纯 PLA 的黏度。如图 3-14 所示，在较低的剪切速率下，RGFRP 具有较高的黏度；随着剪切速率的增加，纤维与 PLA 分子之间的连接断裂，导致黏度降低。这意味在 3D 打印过程这种低剪切速率下，回收玻璃钢纤维对材料的流变性能影响可忽略。

（3）力学性能

进行 3D 打印之前，首先对纯 PLA 丝和 RGFRP 丝进行单丝拉伸试验，其典型应力-

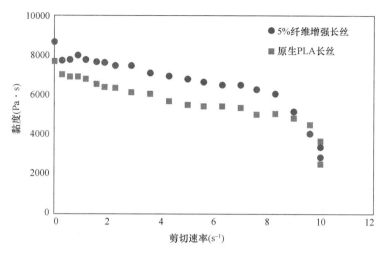

图 3-14　纯 PLA 长丝和 RGFRP 的流变曲线[63]

应变曲线、单轴抗拉强度（UTS）和杨氏模量如图 3-16 所示。与纯 PLA 长丝相比，RG-FRP 极限抗拉强度和杨氏模量分别提高了 10％和 16％。但是，RGFRP 相对于纯 PLA 长丝的性能离散性更高，这可能是由于纤维表面粗糙度变化较大，这意味着用于 3D 打印时回收玻璃钢纤维应当更加精细化地控制。

根据测试结果，PLA 和玻璃纤维的弹性刚度值分别为 3.6 GPa 和 72 GPa。可以预测，当含量为 5％（质量分数）时玻璃纤维增强 PLA 的弹性模量为 4.3 GPa，大于图 3-15 所示的 RGFRP 的平均模量。这个差异主要是由于纤维结构中孔洞的存在、纤维的取向以及纤维长度和纤维直径变化引起的。

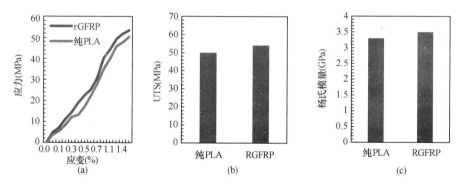

图 3-15　挤出纯 PLA 长丝和增强长丝的拉伸性能
（a）应力-应变曲线；（b）单轴抗拉强度（UTS）；（c）杨氏模量

（4）微观结构

纯 PLA 长丝和 RGFRP 在横向和纵向上的微观结构如图 3-16 所示，PLA 长丝边缘光滑圆润，没有明显的气泡；RGFRP 包含相对较小的内部空隙，并分布在整个单丝中。从RGFRP 的横截面上可以看出玻璃纤维，并且玻璃纤维均匀分布在整个横截面上。纵向截面中，纤维在挤压方向上总体排列良好。这表明 RGFRP 可以作为短玻璃纤维增强复合材料来处理。

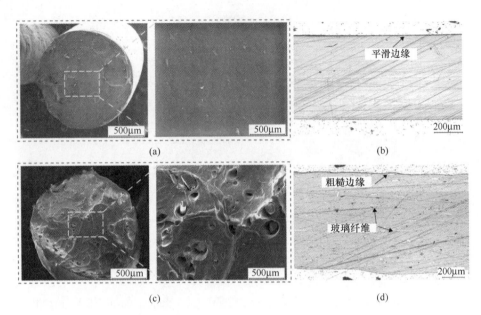

图 3-16 纯 PLA 长丝的 SEM 图像和 RGFRP

（a）纯 PLA 长丝的横截面；（b）纯 PLA 长丝的纵向截面；（c）RGFRP 的横截面；

（d）RGFRP 的纵向截面[63]

3.3.3 3D 打印回收玻璃钢增强复合材料

使用 Prusa i3 Mk2S 打印机制备了总厚度为 3.36mm、打印条取向为 0°的五个纯聚乳酸和增强样品进行测试，表 3-3 和表 3-4 总结了制造工艺和设计参数，样品尺寸如图 3-17 和表 3-4 所示。采用 10kN 力传感器容量测试机和 5mm/min 的测试速度对 RGFRP 和纯 PLA 制成的 3D 打印试件进行了拉伸性能测试。

表 3-3 样品 3D 打印的制造和设计参数[63]

制造参数	值	制造参数	值
打印方向	XYZ	喷嘴直径（mm）	0.4
光栅角度	0	喷嘴温度（℃）	215
层高（mm）	0.14	冷却	无风扇冷却
床温度（℃）	60	填充率（%）	100
打印速度（mm/min）	2400	丝直径（mm）	1.75

表 3-4 Ⅰ型试样具体尺寸（mm）[63]

细径宽度 W	细径长度 L	总宽 W_0	总长 L_0	夹具间距离 D	内圆角尺寸 R	标距 G	厚度 T
13	57	19	165	115	76	50	3.6

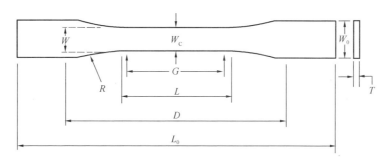

图 3-17　Ⅰ型试样[63]

FFF 3D 打印出来的拉伸试样如图 3-18 所示。

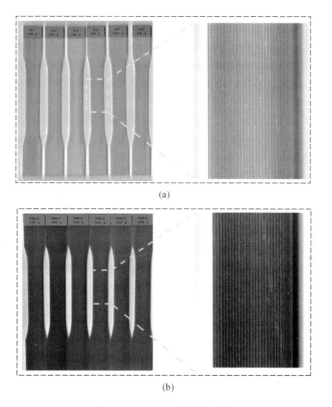

(a)

(b)

图 3-18　3D 打印拉伸试样
（a）纯 PLA；（b）回收玻璃钢纤维增强聚合物

3.3.4　3D 打印 RGFRP 力学性能

对 3D 打印的试件进行单轴拉伸试验，应力-应变曲线如图 3-19 所示。与纯 PLA 单丝相比，3D 打印 PLA 样品的杨氏模量增加了约 8％，而 UTS 没有显著增加，杨氏模量稍低。这种差异可能是因为 3D 打印工艺样品中引入了一些缺陷和大量的空隙，例如层间空隙。

如图 3-20（b）所示，3D 打印纯 PLA 样品由于层间分层和相邻珠粒的脱粘而失效。这可能是由于存在分布在增强试样长轴上的空隙，导致失效随着裂纹沿打印路径的扩展而发展，这可能是复合材料试样极限强度低的原因。但是在 3D 打印 RGFRP 样品［图 3-20（a）］中，这种类型的失效突出了纤维桥接现象，是由于回收玻璃钢纤维在纵向上引导了裂纹扩展的方向。

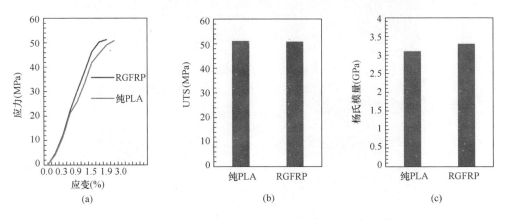

图 3-19　纯聚乳酸和复合材料拉伸试样的拉伸性能
（a）应力-应变曲线；（b）UTS；（c）杨氏模量

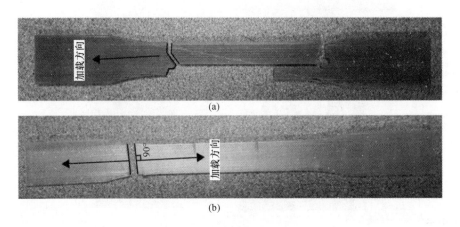

图 3-20　3D 打印失效样品[63]
（a）RGFRP；（b）纯 PLA

为了探究 3D 打印 PLA 和 RGFRP 的微结构区别，利用 SEM 对断面进行表征。如图 3-21所示，3D 打印 RGFRP 具有较大的内部空隙，这可能是由于存在长度大于喷嘴直径的纤维堵塞喷嘴的结果。另外，3D 打印 RGFRP 纤维中有断裂纤维和被拉出的纤维，证明了 PLA 基体和回收纤维之间的有效载荷传递能力，以及部分界面较低的黏结强度。纤维表面环氧残留物的变化降低了分子相互作用的可能性，从而减小了纤维和 PLA 界面处的氢键。

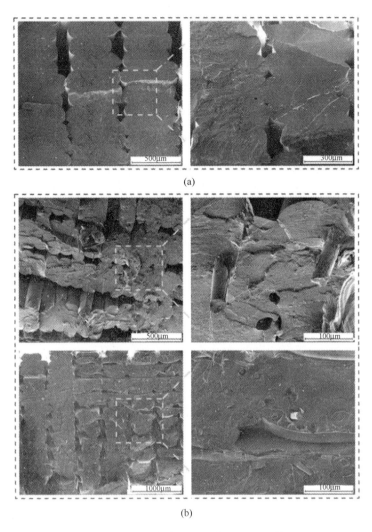

图 3-21 3D 打印样品的断口微观形貌

（a）纯 PLA；（b）RGFRP[63]

3.4 小结

风机叶片是玻璃钢应用的一个重要方向，随着风能成为世界上发展最快的绿色能源之一，寻找退役玻璃钢制品的解决方案是非常必要的。研究结果表明，机械破碎回收的玻璃钢材料可作为再生复合材料的增强材料。尤其对于 FFF 工艺的增材制造来说，回收玻璃钢纤维可以显著提升纯塑料的力学性能，但是这方面的研究尚处于初级阶段。

为了更好地将回收玻璃钢材料应用于再生复合材料中，需要进行以下方面的研究：（1）强化回收纤维和聚合物基体之间的界面强度；（2）明确回收纤维掺量对 3D 打印样品的界面黏结性和力学性能的影响；（3）提升 3D 打印回收玻璃钢增强复合材料的应用。

4 回收玻璃钢粉末在混凝土中的资源化利用

回收玻璃钢（rGFRP）粉末是一种在废弃玻璃钢物理回收过程和玻璃钢制品生产过程中的副产品，可以作为水泥基复合材料的部分骨料或替代填料。本章从回收玻璃钢粉末的物理化学特性（尺寸分布、形貌分析和化学成分）出发，就回收玻璃钢粉末混凝土力学性能，粉末引起的混凝土膨胀问题及其解决方法等进行了讨论，最后指出了回收玻璃钢粉末混凝土的科技、经济、环境影响。

4.1 回收玻璃钢粉末的特性

回收玻璃钢粉末主要有以下三个来源：①玻璃钢制品加工过程中因切割、打磨等产生的碎屑；②废弃玻璃钢在机械破碎过程中产生的小尺寸碎屑；③废弃玻璃钢在机械破碎过程中收集的烟尘飞灰。第 2 章中对回收玻璃钢粉末的尺寸和微观形貌进行了归纳总结，为促进其在混凝土中的资源化利用，本书作者对不同废弃产品在回收过程中产生的玻璃钢粉末进行了物理性质、几何性质和化学性质等方面的研究。

研究采集了三种回收玻璃钢粉末，即 GP1、GP2 和 G-Dust：GP1 和 GP2 分别从退役的光缆盒和油气井盖中回收，机械破碎产生的粉末；G-Dust 是玻璃钢边角料粉碎过程烟尘收集系统的飞灰，废弃材料来源和对应粉末的微观图片，如图 4-1 所示。GP1 和 GP2 中主要含有不规则棱角状的树脂颗粒、$CaCO_3$ 填料和表面光滑细长状的玻璃纤维；G-Dust 则主要含有棱角状树脂颗粒、$CaCO_3$ 填料和短棒状玻璃纤维，并且粒径均远低于 GP1 和 GP2。

图 4-1 回收玻璃钢粉末和飞灰的原材料和微观形貌

借助 X 射线荧光分析（XRF）对三种粉末进行了化学成分分析，氧化物组成如表 4-1 所示。进一步借助 X 射线衍射（XRD）、热重分析（TGA）和红外光谱（FTIR）对粉末成分进行分析，如图 4-2 所示。可见，GP1 和 GP2 中树脂均为不饱和聚酯，因为它们具有羰基的 C＝O 伸缩振动峰，烯烃 C＝C 和 γ＝C-H 的共轭吸收峰；G-Dust 中既存在不饱和聚酯，又存在环氧树脂，因为醚类的伸缩峰 C-O-C，芳香族和脂肪族的伸缩峰 C-H 属于环氧树脂。

表 4-1　原材料化学成分组成

氧化物（%）	Na₂O	MgO	Al₂O₃	SiO₂	SO₃	CaO	Fe₂O₃	灼减量
GP1	0.94	4.68	4.62	8.89	0.36	65.02	3.99	—
GP2	0.48	0.48	4.71	10.17	—	66.86	0.75	—
G-Dust	0.72	4.36	5.98	4.71	7.34	53.48	14.66	—

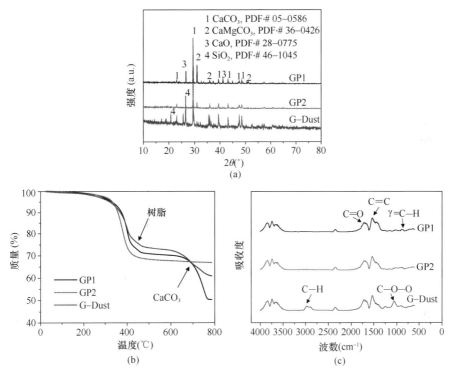

图 4-2　回收玻璃钢粉末和飞灰的（a）XRD、（b）TGA 和（c）FTIR 曲线

借助激光粒度仪测试确定了三种回收玻璃钢粉末的颗粒粒径分布，如图 4-3 所示。参照《普通混凝土用砂、石质量及检验方法标准（附条文说明）》（JGJ 52—2006）测得三种粉末的堆积密度、吸水率、孔隙率和接触角等，见表 4-2。可见，G-Dust 比其他两种粉末更细，为表面超疏水材料。

表 4-2　回收玻璃钢粉末的物理性能

物理性能指标	GP1	GP2	G-Dust
堆积密度（g/cm³）	0.43	0.49	0.54
吸水率（%）	0.42	0.38	0.44
孔隙率（%）	4.78	3.68	2.43
接触角（°）	96.93	109.42	128.71

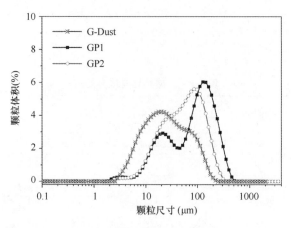

图 4-3　原材料颗粒级配曲线

4.2　回收玻璃钢粉末增强混凝土

4.2.1　研究与应用现状

国内外研究者采用不用来源、不同性质的回收玻璃钢粉末，研究其作为填料或细骨料对水泥基材料的影响，根据水泥基材料的产品种类可分为以下类别：

（1）混凝土铺路砖

研究发现，使用5％～50％不同掺量的 rGFRP 粉末代替细骨料作为混凝土的填充料，再加入适量的高效减水剂后，不同养护条件、不同养护龄期抗压强度、劈裂强度均有所提高，密度、吸水性和干缩均有所下降，展现出其作为混凝土铺路砖、屋面砖等降低吸水性外加掺合料的潜力[20, 21]。

（2）自密实混凝土

利用 rGFRP 粉末替代骨料和钙质填料制备自密实混凝土，掺入 rGFRP 粉末后，抗压强度、干缩、吸水性均显著降低，但是耐久性、和易性、保温性能、延性等均得到提高，且会略微降低自收缩引起开裂的风险，为提高建筑物外维护结构的耐久性提供了一个新的思路[64-66]。

（3）水泥砂浆

将 rGFRP 粉末作为水泥基砂浆填料，掺量为 10％、15％、20％和50％。研究发现 rGFRP 粉末可以显著改善砂浆的力学性能和防水性能；力学强度增加，变形能力保持不变，初始吸水性降低。因此，rGFRP 粉末具备替代天然骨料，制备更好技术性能砂浆的可能性[67]。

目前，将回收玻璃钢粉末应用于水泥混凝土和砂浆是研究最为广泛的领域。本节对再生玻璃钢粉末混凝土的工作性能、物理和力学性能以及其微观形貌进行系统性的总结和分析。

4.2.2 回收玻璃钢粉末对混凝土性能的影响

本节从 rGFRP 粉末掺量、粉末性质、养护条件、外加剂等方面，介绍其对混凝土的和易性、密度、吸水率、抗压强度、抗折强度、劈裂强度、耐久性及微观性质的影响。

（1）和易性

通过对不同掺量、不同种类 rGFRP 粉末混凝土流动性的研究，可以发现同一种 rG-FRP 粉末对混凝土流动性的影响规律随着粉末掺量有所变化，而不同来源的 rGFRP 粉末对流动性的影响根据其表面性质也有所不同。

设置一个恒定的流动度调节混凝土的水灰比，当 rGFRP 粉末含量为 0~5% 时，水灰比随着 rGFRP 掺量的增加而略有降低[22]；当 rGFRP 粉末含量为 10%～20% 时，混凝土水灰比随着 rGFRP 掺量增加而迅速增加。这说明 rGFRP 粉末对混凝土流动性的影响分为相反的两方面：第一，粉末颗粒形态和低表面粗糙度有积极影响；第二，rGFRP 粉末较砂有更高的比表面积导致用水量增加。当粉末掺量较小时，第一方面的作用占主导地位；当粉末掺量较大时，第二方面的作用占主要地位，由此造成了粉末掺量对混凝土流动性影响的差异。

将 4.1 中的三种 rGFRP 粉末用于混凝土制备，并测定了混凝土流动性随着粉末掺量的变化，如图 4-4 所示。混凝土的流动度随三种粉末掺量增加而增大，而 rGFRP 飞灰（G-Dust）颗粒粒径更小，形状更规则，其对砂浆的流动性提高更显著。这说明粒径较小的 rGFRP 飞灰在混凝土拌和时可以填充在砂粒之间的孔隙，起到润滑的作用，因而提高混凝土流动性；但当掺量过大时，增大了与水的接触面积，导致拌和用水量不足，造成砂浆流动性下降。

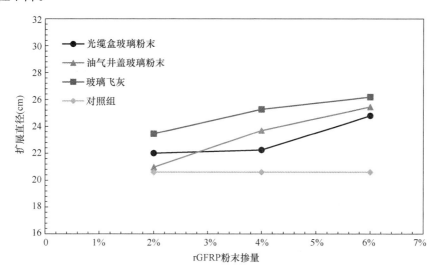

图 4-4　rGFRP 粉末和飞灰对砂浆流动性的影响

Farinha 利用 rGFRP 粉末替代部分细骨料制备砂浆，通过稠度来说明砂浆和易性变化[68]。结果如表 4-3 所示，掺入 rGFRP 粉末改善了新砂浆的和易性。当粉末掺量在

10%～20%时，水灰比较对照组砂浆降低了约30%；掺50% rGFRP 的砂浆水灰比较对照组降低了23%。这是因为当砂浆中所需的水量大于水泥水化所需的水量时，必须有一部分水来润滑砂浆的固体成分的表面。因此，砂浆所需的水量取决于骨料的粒径曲线、组份的孔隙率和吸水率以及组份的形状。rGFRP 粉末起到砂粒间填充物的作用，减少了砂浆所需的水量。

表 4-3　rGFRP 砂浆的稠度

粉末掺入率 （%）	和易性相似的砂浆稠度 （mm）	水灰比为 0.9 的砂浆稠度 （mm）
0	161.2	116.8
10	163.5	163.5
15	162.3	162.3
20	164.8	164.8
50	168.0	140.3

（2）密度

回收玻璃钢粉末混凝土的密度一般在 2270～2510kg/m³，掺入 rGFRP 粉末会对混凝土密度产生不同程度的影响。在不同的养护条件、养护时间、水泥基材料配比、回收玻璃钢粉末性质的影响下，密度也有一定的差别。

① rGFRP 粉末掺量

通过不同学者的研究成果可以看出，rGFRP 粉末混凝土的表观密度随粉末掺量有所变化[20,21,64,68]。如图 4-5 所示，掺入少量 rGFRP 粉末（10%左右）会降低砂浆的表观密度；但随着粉末掺量持续增加，砂浆密度反而会增加。这主要由两方面因素导致：① rGFRP 粉末密度比砂粒低，部分替代砂会降低混凝土密度；② rGFRP 粉末比砂粒更细，可填充较粗颗粒间空隙，促使颗粒紧密堆积，增加混凝土密度。rGFRP 粉末较少时，第一效应将起主要作用，然而粉末掺量较高时，第二效应逐渐增强并超过第一效应，导致混凝土密度提高。

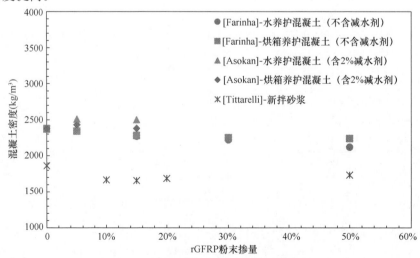

图 4-5　rGFRP 粉末掺量对混凝土密度的影响[20,21,64,68]

② 养护条件

回收玻璃钢粉末混凝土研究中主要采用的养护条件为水养护和烘箱养护，总体而言，水养护的混凝土密度比烘箱养护稍高。如图 4-5 所示，rGFRP 粉末掺量为 0～50％时，水养护混凝土密度为 2270～2368kg/m³，烘箱养护混凝土 2280～2377kg/m³[20]；加入 2％高效减水剂后[21]，水养护混凝土密度比烘箱养护高 3％～5％。水养护条件下，混凝土内部湿度会维持在一定水平，因此比烘箱养护混凝土密度大。

③ 回收玻璃钢粉末性质

我们采用 4.1 节中的两种 rGFRP 粉末和一种飞灰制备的混凝土，其密度如图 4-6 所示。无论掺入哪种 rGFRP 粉末，都会引起混凝土密度的降低。掺 2％（质量分数）光缆盒玻璃粉末（GP1）、油气井盖玻璃粉末（GP1）和玻璃钢飞灰（G-Dust）时，混凝土密度分别降低 5.9％，9.1％和 13.8％。掺量继续增大时，GP1 混凝土密度基本不变，GP1 混凝土密度增加了 3％［掺 6％（质量分数）］，而 G-Dust 混凝土密度不断降低。这主要是由于 G-Dust 引起混凝土凝结初期膨胀，孔隙率增加，导致密度远低于其他组。

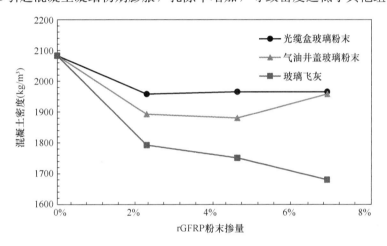

图 4-6 两种玻璃钢粉末和一种飞灰掺量对混凝土密度的影响

④ 外加剂

由于加入较高掺量的 rGFRP 粉末会显著降低混凝土流动性，一般在拌制时加入一定量的减水剂。研究发现加入减水剂后，rGFRP 粉末混凝土密度会提高 3％～10％，与普通混凝土密度几乎不变的现象不同。如图 4-7 和图 4-8 所示[21]，加入 2％减水剂后，水养护混凝土密度由 2370kg/m³ 增加至 2480～2500kg/m³，烘箱养护的增加至 2380～2430kg/m³。这是因为减水剂的加入，会增加骨料用量，从而增加了混凝土密度。

总体来说，混凝土密度因 rGFRP 粉末的掺入而降低，且随掺入率增加而降低，掺入减水剂会导致混凝土密度的增加，而养护条件对混凝土密度影响不大。

（3）吸水率

掺入回收玻璃钢粉末会不同程度地影响混凝土的吸水率，受粉末的种类、掺量、混凝土养护条件、硬化阶段等因素影响。新养护的混凝土吸水率会因为 rGFRP 粉末的掺入而降低，如图 4-9 所示，掺入 5％～15％ rGFRP 粉末，不同养护条件混凝土的表面吸水率降低 67％～95％[21]，烘箱养护条件下吸水率降低较少。另一项研究中，当 rGFRP 粉末

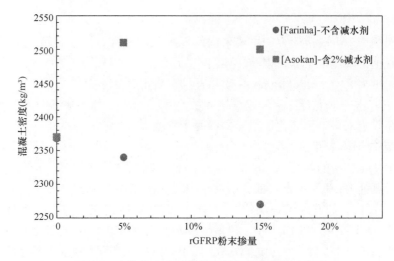

图 4-7　水养护 28d 不同粉末掺入量的混凝土密度

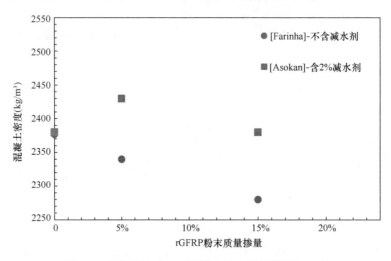

图 4-8　烘箱养护 28d 不同粉末掺入量的混凝土密度

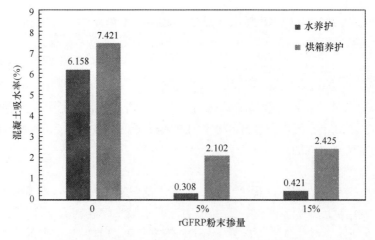

图 4-9　混凝土在不同养护条件下养护 28d 后吸水率随回收玻璃钢粉末掺量的变化[21]

替代 5％和 10％体积的砂时，混凝土毛细吸水率分别降低 70％和 50％左右[66]。

　　为验证 rGFRP 粉末对混凝土吸水率的影响，我们测试了不同来源 rGFRP 粉末混凝土的吸水率，发现掺入 2％～6％质量分数光缆盒 rGFRP 粉末（GP1）、油气井盖 rGFRP 粉末（GP2）和 rGFRP 飞灰（G-Dust）后，混凝土吸水率略提高了 9.6％～14.1％，如图 4-10 所示，这与其他研究者的试验结果不一致[21]。据分析，这是因为 GP1、GP2 和 G-Dust 的亲水性差，拌和时会引入气泡，造成混凝土孔隙率增大导致的，而 G-Dust 在混凝土凝结初期产生微膨胀，吸水率增长更为显著。可见，不同来源的 rGFRP 粉末可能对混凝土吸水率产生相反的影响。

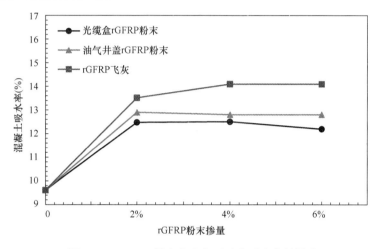

图 4-10　rGFRP 粉末和飞灰对砂浆吸水率的影响

　　此外，rGFRP 粉末掺量对于混凝土吸水率的影响是随着时间而变化的[20,21]。Tittarelli 将毛细吸水率分为两个时间阶段：初始线性阶段和非线性阶段（图 4-11）。初始阶段的毛细吸水率占了总量的 90％，而 rGFRP 粉末降低了孔隙率以及吸水速率，延长了这一阶段达到静止状态的时间。第二非线性阶段对应较小孔隙的填充，rGFRP 中较小孔隙比普通孔隙多，混凝土小孔隙增多，则 rGFRP 粉末混凝土中的毛细吸水率需要更长时间才能达到静止状态[66]。

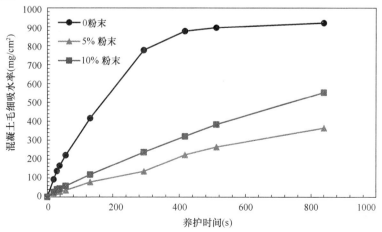

图 4-11　rGFRP 混凝土的毛细吸水率随时间的变化[66]

（4）抗压强度

一般来说，掺入 rGFRP 粉末会改变混凝土的抗压强度，受到掺量范围、粉末颗粒特征、减水剂含量、养护条件、养护时间等因素影响。

① 粉末掺量

研究者对比了不同 rGFRP 粉末掺量对于混凝土抗压强度的影响[20, 21]，掺入 5%～50%（质量分数）rGFRP 粉末后水养护混凝土 14d 抗压强度降低了 25%～67.6%（图 4-12）。这是由于 rGFRP 粉末颗粒固有的光滑表面、较差的吸水性和原材料污染导致混凝土混合不一致，rGFRP 粉末颗粒和水泥基质之间缺乏结合导致抗压强度低。

然而，其他研究者发现 50%（质量分数）rGFRP 粉末提高了混凝土抗压强度 166%[68]，本书作者的研究中也发现，GP1 粉末混凝土的抗压强度随着粉末掺量的增加而增加（图 4-12）。除粉末的填充物效应和表面形态特征影响外，树脂颗粒、CaO，Al_2O_3 和 SiO_2 等成分会使 rGFRP 粉末与水泥体积间黏结强度更高，而粉末中的超短纤维可以起到增韧阻裂作用，这些均有助于混凝土强度的提高。

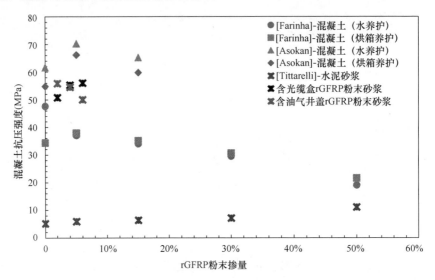

图 4-12　rGFRP 粉末掺量对抗压强度的影响

基于以上数据分析发现，rGFRP 粉末可替代部分骨料制备混凝土，用量小于 10% 时可提高抗压强度，满足预制混凝土墙构件（＞5MPa）、轻质混凝土（＞5MPa）和混凝土砌块（7～35MPa）的正常强度要求。

② 养护条件

有研究者对比了烘箱养护和水养护条件下的 rGFRP 粉末混凝土，后者的抗压强度较低，水养护的无 rGFRP 混凝土强度较高，如图 4-13 所示。同一掺量下，烘箱养护混凝土抗压强度比水养护混凝土高约 9%。另外，水养护混凝土的抗压强度随养护时间延长而减小。烘箱养护的较高温度可能导致 rGFRP 粉末中的聚合物软化，增强其与混凝土基体的相互作用，从而提高混凝土抗压强度。

③ 外加剂

在不添加减水剂、水养护条件下，掺 5%～15% rGFRP 粉末混凝土的平均抗压强度

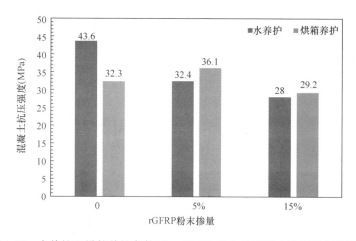

图 4-13 水养护和烘箱养护条件下，rGFRP 粉末对混凝土抗压强度的影响

比不含 rGFRP 粉末组所有降低；添加 2％减水剂后，掺 5％～15％ rGFRP 粉末混凝土的抗压强度得到显著改善，比不添加减水剂的同类混凝土提高约 43％～47％，比含 2％减水剂的不含 rGFRP 粉末混凝土提高 10％～12％，如图 4-14 所示。

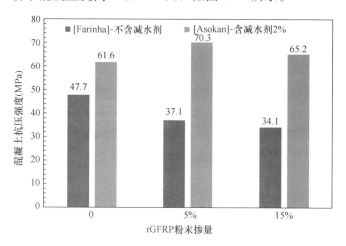

图 4-14 减水剂对水养护 rGFRP 混凝土抗压强度的影响

除此之外，研究者还发现用 rGFRP 粉末混凝土试件与普通混凝土的破坏形式不同。如图 4-15 所示，在普通混凝土中，立方体受压试件的所有侧向表面都会出现大量裂缝，上下表面几乎没有损伤；而 rGFRP 粉末混凝土由于玻璃纤维和聚合物的存在，表现为少量贯穿裂缝的正常破坏。

（5）抗折强度

研究者发现，掺 25％（质量分数）和 50％（质量分数）rGFRP 粉末的混凝土 2d 抗折强度分别比无 rGFRP 粉末混凝土低 16％和 50％[64]。然而，在养护 28 天后，两组掺 rGFRP粉末混凝土的抗折强度大幅提高，较无 rGFRP 粉末的混凝土提高了 6％和 11％，如图 4-16 所示。可以看出 rGFRP 粉末对混凝土早期抗折强度不利，主要是由于粉末与水泥基体间界面强度较低导致的；但随着水泥水化反应，界面黏结强度逐渐提高，由于玻璃

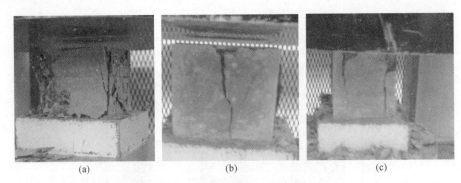

图 4-15 混凝土立方体破坏模式

(a) 不使用 rGFRP 粉末；(b) 5％rGFRP 粉末；(c) 15％rGFRP 粉末

纤维对抗折强度的改善作用，粉末掺量对混凝土抗折强度的影响逐渐减小。

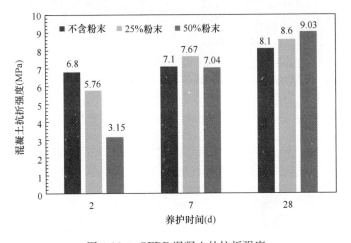

图 4-16 rGFRP 混凝土的抗折强度

另外，掺入 rGFRP 粉末后混凝土的弹性模量降低，延性有所提高[69]，可能是由于 rGFRP 粉末中的聚合物与水泥水化物混合可以起到降低微裂缝扩展的作用，提高混凝土延性。这个特性十分适合于没有结构用途的砂浆，因为它意味着在某种变形下开裂的风险更低，例如约束收缩或盐结晶现象所导致的变形。

（6）劈裂强度

研究者发现[22]，掺入 5％和 15％ rGFRP 粉末的水养护混凝土比不掺 rGFRP 粉末混凝土高 19％和 8％，如图 4-17 所示。劈裂强度的提高可能是由于 rGFRP 粉末中较短玻璃纤维的存在。此外，由于水泥基体与聚合物粉体之间的相互作用，混凝土基体的劈裂强度和骨料-水泥间的黏结强度可能都会增加。从劈裂试件断面可见（图 4-18），加入 rGFRP 粉末后骨料和水泥基体间更加密实。

然而，也有研究者发现 rGFRP 粉末会降低混凝土劈裂强度[70]，这可能主要是因为研究中没有考虑 rGFRP 的极细颗粒与细骨料原始组分粒径分布的不同及其对混凝土力学性能的影响。

（7）耐久性

混凝土的耐久性包含多个方面，主要表现在耐磨性、抗渗性和抗风化能力。

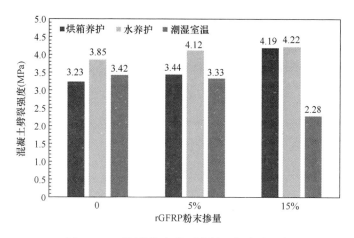

图 4-17　不同养护条件下混凝土的劈裂强度

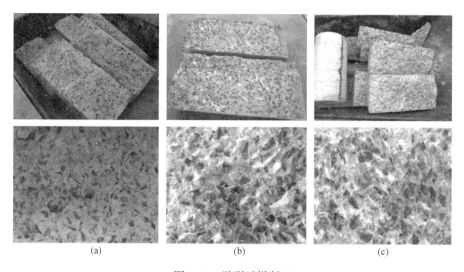

图 4-18　劈裂试样断面

（a）无 rGFRP 粉末混凝土；（b）5％ rGFRP 粉末混凝土；（c）15％ rGFRP 粉末混凝土

① 耐磨性

一般来说，rGFRP 粉末的加入会降低混凝土的耐磨损能力。在 Tittarelli 等人的研究中[65]，随着 rGFRP 粉末含量的增加，混凝土的磨损率会直接增大，从 26.1％到 57.2％不等（图 4-19），这是由于细小颗粒混合物的掺入影响了混凝土的密实性，导致混凝土的耐磨性降低。

② 抗渗性

不同掺量范围的 rGFRP 粉末对混凝土抗渗性，即浸水吸水率的影响不同。如图 4-19 所示，当掺入少量（5％）rGFRP 粉末时，吸水率降低。这主要是由于粉末极细颗粒的填充效应减小了混凝土的初始孔隙度及孔隙之间的流通，孔隙率降低减少用水量，也提高水泥颗粒的分散性和水化程度，提高了混凝土抗渗性。当 rGFRP 粉末掺量在 5％～10％之间时，吸水率有所增加，混凝土抗渗性能下降。当 rGFRP 粉末掺量高于 10％时，混凝土吸水率随粉末掺量增长而显著降低，是因为这时混凝土用水量提高，火山灰效应提高，混

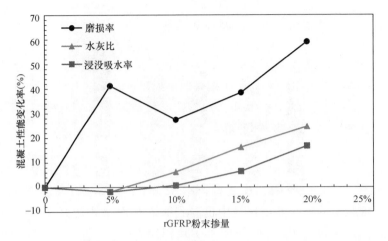

图 4-19 rGFRP 粉末掺量对混凝土磨损率、水灰比和浸没吸水率的影响

凝土孔隙的孔径减小、微结构更加密实[7, 20]。

③ 抗风化性

研究者发现，在硫酸盐溶液暴露的情况下，仅掺入 rGFRP 粉末的砂浆与未掺入粉末的砂浆性能相似，同时掺入 5％rGFRP 粉末与硅烷（疏水外加剂）时，砂浆的抗风化能力效果最好；在半浸水条件下，同时加入 rGFRP 粉末和硅烷可减少试样上部的白色沉淀 $[Na_2SO_4（50％）、CaCO_3（20％）和 CaSO_4（10％）]$。可见，低掺量 rGFRP 粉末可改善混凝土抗风化能力[66]。

④ 抗开裂性

干缩是引起混凝土开裂最主要的原因之一，因此研究者主要将干缩开裂作为研究对象。一些研究者发现，少量 rGFRP 粉末的加入不会对混凝土干缩产生影响，还会引起混凝土少量膨胀[22]。另有研究者发现，砂浆在密封系统中的自收缩会由于 rGFRP 粉末的加入而增大[66]。这可能是由于加入 rGFRP 粉末后，小于 50 nm 的孔隙体积增加，毛细管网络变细，产生自收缩的毛细管应力变大，从而提高了自收缩；而且 rGFRP 粉末的聚合物部分可作为微裂缝的止裂剂[66]。

为了研究不同来源 rGFRP 粉末对混凝土干缩的影响，本书作者利用 4.1 节的三种粉末进行了试验。如图 4-20 所示，掺 6％的光缆盒玻璃粉末（GP1）和油气井盖玻璃粉末

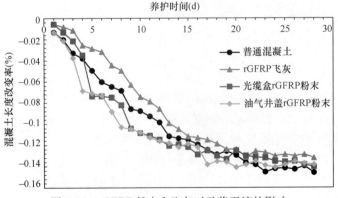

图 4-20 rGFRP 粉末和飞灰对砂浆干缩的影响

（GP2）砂浆前 14d 干缩率略高于不掺粉末组；而掺 6％玻璃粉末飞灰（G-Dust）的砂浆前 14d 干缩率明显低于不掺粉末组，这是 G-Dust 与水泥反应发生微膨胀补偿了砂浆的干缩；养护结束后掺 rGFRP 粉末砂浆的干缩均略高于不掺粉末砂浆。然而有研究发现掺入 10％rGFRP 粉末降低了约 50％的砂浆干缩，但是当掺量继续增大至 20％时，砂浆的干缩却高于素砂浆。这说明 rGFRP 粉末和飞灰的化学组成和掺量均对砂浆的干缩有巨大影响，且当来源不同时，影响往往差别较大。

（8）微观结构

通过扫描电镜表征，混凝土中的 rGFRP 粉末以棒状颗粒的形式出现，如图 4-21（a）、图 4-22（a）和图 4-23（a）所示。此外，掺 15％ rGFRP 粉末混凝土的玻璃纤维比 5％rGFRP 粉末混凝土的更明显，且其中也看到掺入水泥基体的聚合物，如图 4-23（a）所示。混凝土微结构的 EDX 光谱说明了 rGFRP 粉末对混凝土化学成分的影响，如图 4-21（b）、4-22（b）和图 4-23（b）所示。与对照混凝土相比，rGFRP 粉末混凝土中 Ca 峰值较低，但是 Si 的峰值较高。对照混凝土中有 K 和 Fe 存在，但是 rGFRP 粉末混凝土中没有。

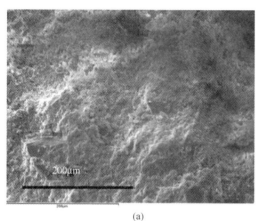
(a)

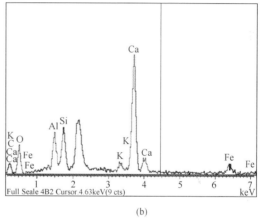
(b)

图 4-21 不含 rGFRP 粉末混凝土 （a）微观结构和 （b）EDX 光谱[20]

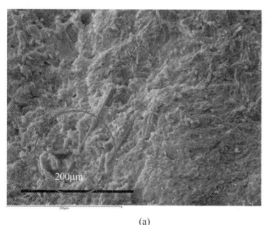
(a)

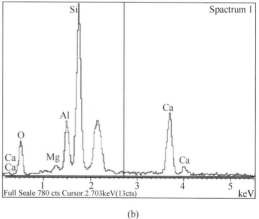
(b)

图 4-22 含 5％rGFRP 粉末混凝土 （a）微观结构和 （b）EDX 光谱[20]

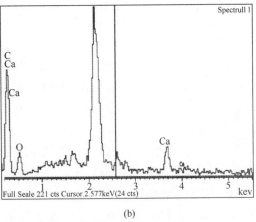

(a)   (b)

图 4-23　含 15％rGFRP 粉末混凝土（a）微观结构（b）EDX 光谱[20]

4.2.3　rGFRP 粉末混凝土的主要问题

以上研究初步证实了 rGFRP 粉末在混凝土中应用的可能性，但是仍存在着一些问题，如混凝土力学性能下降、膨胀问题和应用问题等。较高的 rGFRP 粉末掺量会导致混凝土所需的水量显著增加，力学性能和耐久性都显著下降；并且，由于 rGFRP 粉末颗粒表面光滑度不同、原材料是否受到污染、是否具有不规则形状、是否含有纤维等因素影响，粉末对混凝土影响不尽相同，因此掺入后的性能不易控制和设计。

采用减水剂可以改善 rGFRP 粉末混凝土的力学性能，但是其耐久性尚不明确。掺入 rGFRP 粉末后，混凝土耐磨损能力最高可降低 50％，但是低掺量（5％左右）的 rGFRP 粉末对混凝土的抗渗性能和抗风化能力产生积极作用，因此需要更进一步研究。

一些研究表明，由于掺入 rGFRP 粉末，混凝土会产生膨胀问题，增加吸水率，降低强度。对于这个问题，亟须明确膨胀机理、开发改善措施，消除 rGFRP 粉末带来的不利影响，合理利用 rGFRP 粉末。

4.3　回收玻璃钢粉末混凝土膨胀现象及其影响

4.3.1　原材料与试验方法

笔者团队在对 2 种 rGFRP 粉末（GF1 和 GF2）和 1 种 rGFRP 飞灰（G-Dust）混凝土的研究中发现了不同程度的混凝土膨胀。研究中采用 rGFRP 粉末替代 2％～6％（质量分数）的细骨料制备混凝土，并且系统研究了混凝土的工作性能（流动性、凝结时间）、物理性能（密度、吸水率）、力学性能（抗压、抗弯强度）和体积变化的影响。

（1）试验材料

试验采用的 rGFRP 粉末性质见 4.1 节，P.O 42.5 水泥来自唐山市冀东水泥厂，比表面积 342m²/kg，28 天抗压强度为 45.3MPa。硅灰来自北京市幕府添加剂有限公司，比表面积为 18000m²/kg。粉煤灰来自包头市某电厂的二级粉煤灰。石英砂来自河北省易县，颗粒粒径在 40 目～80 目之间。原材料化学成分组成见表 4-4，试验中粉体原料的颗粒粒径如图 4-24 所示。

表 4-4 原材料化学成分组成

混合物 （%）	Na₂O	MgO	Al₂O₃	SiO₂	SO₃	CaO	Fe₂O₃	烧失量
水泥	0.08	0.53	3.32	15.26	3.25	66.35	3.20	6.54
硅灰	0.79	0.90	0.78	85.65	0.72	1.46	3.91	4.14
粉煤灰	0.45	0.49	31.08	35.90	0.55	3.88	3.36	15.6

选用 PCA 聚羧酸系高性能减水剂，含固量 40%，减水率 37%。试验用水是天津地区自来水。

（2）试验方法

研究设计了表 4-5 的配比方案。首先，研究 2%、4% 和 6%（质量分数）3 种掺量条件下 GP1、GP2 和 G-Dust 对混凝土物理-力学性能的影响。制备用于测试密度（100mm × 100mm × 100mm）、吸水率（100mm × 100mm × 100mm）、无侧限抗压强度（100mm × 100mm × 100mm）、抗弯强

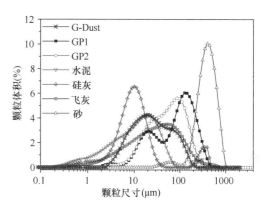

图 4-24 原材料颗粒级配曲线

度（40mm×40mm×160mm）和干燥收缩（25mm×25mm×280mm）的试件，在标准养护室［温度（20±2）℃，湿度 95% 以上］养护 28d 后，进行相应试验。

表 4-5 rGFRP 粉末和飞灰砂浆配合比

混合物名称	水泥	砂	飞灰	硅灰	GP1	GP2	G-Dust	减水剂	浸水时间	水
对照组	1.0	1.0	—	—	—	—	—	—	—	0.4
GP1-2	1.0	1.0	—	—	0.02	—	—	—	—	0.4
GP1-4	1.0	1.0	—	—	0.04	—	—	—	—	0.4
GP1-6	1.0	1.0	—	—	0.06	—	—	—	—	0.4
GP2-2	1.0	1.0	—	—	—	0.02	—	—	—	0.4
GP2-4	1.0	1.0	—	—	—	0.04	—	—	—	0.4
GP2-6	1.0	1.0	—	—	—	0.06	—	—	—	0.4
Dust-2	1.0	1.0	—	—	—	—	0.02	—	—	0.4
Dust-4	1.0	1.0	—	—	—	—	0.04	—	—	0.4
Dust-6	1.0	1.0	—	—	—	—	0.06	—	—	0.4
Dust-SP	1.0	1.0	—	—	—	—	0.06	0.001	—	0.4
Dust-H	1.0	1.0	—	—	—	—	0.06	—	4h	0.4
Dust-FA	0.8	1.0	0.2	—	—	—	0.06	—	—	0.4
Dust-SF	0.9	1.0	—	0.1	—	—	0.06	—	—	0.4

注：Dust-SP、Dust-H、Dust-FA 和 Dust-SF 分别代表用减水剂、预饱水、粉煤灰和硅灰对掺 6%（质量分数）
　　rGFRP 飞灰砂浆进行处理。

由于发现了不同程度的膨胀现象，利用减水剂、预饱水、粉煤灰和硅灰等对混凝土进行处理。其中，减水剂处理是将减水剂先与水混合均匀再和胶凝材料拌和；预饱水处理是将粉末先浸泡在拌和用水中 4h 再和胶凝材料拌和；粉煤灰和硅灰处理是用其替代部分水泥。

使用 Auto Pore Ⅳ 9500 高性能全自动压汞仪对真空干燥后的试块进行孔隙测试；采用 ZEISS Sigma 500 型场发射扫描电子显微镜对砂浆试件的微观形貌进行分析；利用 Smartlab 9KW 型 X 射线衍射仪进行矿物物相分析，测试参数为扫描角度 5°～70°，步长 0.02°，扫描速率为 6°/min。

4.3.2 回收玻璃钢粉末混凝土膨胀及其影响

（1）工作性能与初期膨胀

砂浆的施工性能（如搅拌、运输、浇捣和砌筑），与其流动性和凝结时间密切相关。图 4-25（a）表明，混凝土的流动度随 rGFRP 粉末和飞灰掺量增加而增大，掺 6% GP1、GP2 和 G-Dust，流动度分别提高了 20.4%，23.8% 和 27.2%。由于 G-Dust 颗粒粒径较小，在混凝土拌和时可以填充在砂粒之间的孔隙，起到润滑的作用，因此砂浆流动性提高更显著，但当 rGFRP 粉末的掺量过大时，增大了其与水的接触面积，导致拌和用水量不足，造成流动性下降。这与 Correia 等[70]试验结果一致。

3 种 rGFRP 粉末对混凝土凝结时间有不同影响，如图 4-25（b）所示，GP1 稍微缩短了初凝和终凝时间，GP2 稍稍延长了砂浆的凝结时间，而 G-Dust 的延迟作用最为显著，终凝时间延长近 3h。凝结时间延长说明 rGFRP 粉末和飞灰会降低水泥初期水化速度，原因之一可能是在胶凝材料拌和过程中，粒径较小的 G-Dust 部分包裹在水泥颗粒表面，减小了水泥与水的接触面积，从而降低水泥的水化速度，使得混凝土出现缓凝现象。Tittarelli 等[66]也研究发现 rGFRP 飞灰导致水泥缓凝了近 2h，他们认为这是飞灰表面的有机成分吸附在水泥表面延缓了水泥水化造成的。

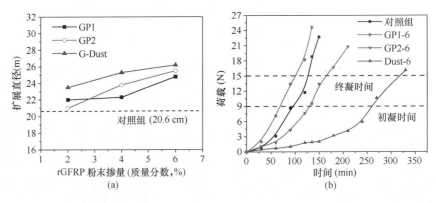

图 4-25　rGFRP 粉末和飞灰对混凝土（a）流动性和（b）凝结时间的影响

测试时还发现 G-Dust 会引起水泥砂浆产生微膨胀，膨胀现象发生在混凝土初凝前，并且在终凝后膨胀高度不会减小，这说明 G-Dust 中的某些成分可能与水泥发生反应，引起砂浆膨胀，同时影响了水泥水化进程，导致砂浆缓凝。于是，我们尝试了加入缓凝剂、粉煤灰、硅灰以及预饱水等方法，但是仍然有不同程度的膨胀，如图 4-26。

图 4-26　rGFRP 飞灰混凝土的膨胀

（2）密度和吸水率

混凝土中掺入 2%rGFRP 粉末和飞灰后，密度均降低，如图 4-27 所示，掺量继续增大时，GP1 混凝土密度基本不变，GP2 混凝土密度增加了 3%〔掺 6%（质量分数）〕，而 G-Dust 砂浆密度呈不断降低趋势。混凝土的吸水率在掺入 rGFRP 粉末后均增大，这说明混凝土变得更加多孔，且连通孔占比较大。

混凝土密度降低可能由两方面因素引起：①rGFRP 粉末和飞灰本身密度较低（表 4-2），②rGFRP 粉末和飞灰亲水性差，与水拌和时引入气泡，造成混凝土孔隙率增大，密度降低，吸水率增大。G-Dust 混凝土在凝结初期产生微膨胀，孔隙率增加，因此密度远低于其他组，吸水率增长更为显著。

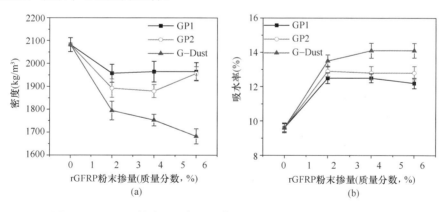

图 4-27　rGFRP 粉末和飞灰对砂浆（a）密度和（b）吸水率的影响

（3）力学性能

rGFRP 粉末引起的混凝土膨胀除对密度和吸水率造成影响，还显著影响了混凝土的力学性能，本部分主要针对抗压强度和抗弯强度两方面进行介绍。

图 4-28（a）和（b）分别为混凝土的抗压强度和抗弯强度随 rGFRP 粉末和飞灰掺量

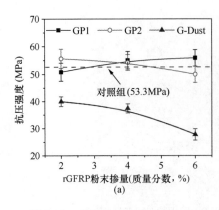
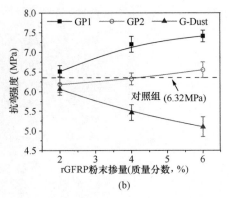

图 4-28　rGFRP 粉末和飞灰对砂浆 28d（a）抗压强度和（b）抗弯强度的影响

的变化。混凝土的抗压强度随着 GP1 掺量增加而增加，而随 GP2 和 G-Dust 掺量增加而降低；G-Dust 影响更为明显，掺加 6％（质量分数）G-Dust 的混凝土抗压强度降低了近 40％。另一方面，混凝土的抗弯强度随着 GP1 和 GP2 的增加有不同程度的提高，但是随着 G-Dust 掺量增加明显降低，最大降低 19.3％。

rGFRP 粉末中的树脂颗粒、CaO、Al_2O_3 和 SiO_2 等成分会使得 rGFRP 粉末与水泥浆之间的粘结强度高于砂子与水泥之间的粘结强度，而 GP1 中棱角状的填料和超短纤维则

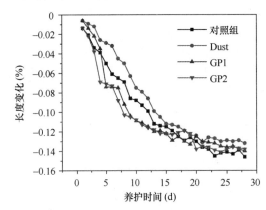

图 4-29　掺 6％（质量分数）rGFRP 粉末和飞灰对混凝土干缩的影响

可以起到增韧阻裂的作用[71]，故 GP1 的增强作用最为显著。但是，G-Dust 在混凝土拌和初期即造成了膨胀，导致混凝土内部孔隙和微裂缝的缺陷，严重影响力学强度的形成。膨胀现象的形成机理和影响会在 4.3 节详细说明。

（4）干燥收缩

干燥收缩对水泥基材料耐久性的影响很大，因此研究了 6％（质量分数）rGFRP 粉末和飞灰对混凝土干缩的影响。从图 4-29可以看出，掺 GP1 和 GP2 混凝土整体趋势较为一致，前 14d 干缩率略高于对照组，随后收缩率降低，基本与对照组持平。掺 G-Dust 混凝土前 14d 的干缩率明显低于对照组，而后 14d 则略低于对照组，主要是 G-Dust 引起的混凝土微膨胀补偿了其干缩。

（5）微结构与孔隙分析

由于 GP1 和 G-Dust 对混凝土体积稳定性和力学性能影响差异最大，对这两组混凝土孔隙性质进行压汞试验表征。如图 4-30 所示，掺入 6％（质量分数）GP1 后，混凝土中 0.05～1μm 的孔占比有所下降，总孔隙率略有降低，大孔占比降低不明显；混凝土中掺入 G-Dust 后，0.1～1μm 孔和大于 1μm 孔均显著增大。

两组混凝土中加入硅灰均可减小大孔占比，使孔向小于 1μm 偏移 [图 4-30（a）]，这是因为硅灰中的活性二氧化硅、活性氧化铝可以与水化反应生成的氢氧化钙反应，生成更

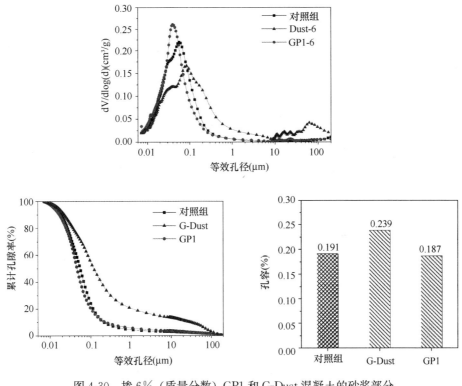

图 4-30 掺 6%（质量分数）GP1 和 G-Dust 混凝土的砂浆部分
(a) 孔径分布、(b) 累计孔隙率和 (c) 总孔容

加致密的水化硅酸钙凝胶，G-Dust 混凝土在加入硅灰后，大孔占比、总孔隙率均大幅降低。这从细观尺度上解释了 GP1 可以稍微提高混凝土抗压强度，但是 G-Dust 会降低混凝土力学性能。

通过研究，认为 rGFRP 粉末和飞灰会与水泥基体反应，对混凝土水泥浆体部分的微观形貌进行 SEM 表征，如图 4-31 所示。所有样品中最主要的水化产物均为 C—S—H 凝胶，但由于 rGFRP 粉末的加入表现形式不同。未掺 rGFRP 粉末和掺 GP1、GP2 混凝土中 C—S—H 凝胶主要以蜂窝状（Ⅱ型）和不规则等大粒子状（Ⅲ型）为主，而掺 G-Dust 混凝土中 C—S—H 凝胶主要以纤维状（Ⅰ型）为主，并且还存在 Ca（OH）₂、AFm 晶体，且结构比 GP1 和 GP2 混凝土松散。通过 SEM 分析表明 G-Dust 除了引起砂浆微膨胀，也会降低水泥水化程度，二者在不同程度上造成砂浆孔隙增多，导致砂浆强度下降、吸水率升高，同时也降低了前 14d 混凝土的干缩。

图 4-32 中的 XRD 图谱显示，不掺 rGFRP 粉末、掺 GP1、掺 GP2 和掺 G-Dust 水泥浆体中主要存在钠长石和白云石两种矿物，矿物组成上并无明显区别，但是 C-S-H 凝胶峰的强度显著降低。这说明 rGFRP 粉末和飞灰并没有与水泥反应产生新的晶体，但是减弱了水泥水化反应，这是 GP1 和 GP2 对混凝土提升较小、G-Dust 降低混凝土力学强度的主要原因之一。

基于以上研究发现，一些 rGFRP 粉末会引起混凝土的明显膨胀，造成基体内部较多的连通孔隙，降低混凝土力学性能和抗渗性，但是可以补偿混凝土干缩，因此需要明确粉

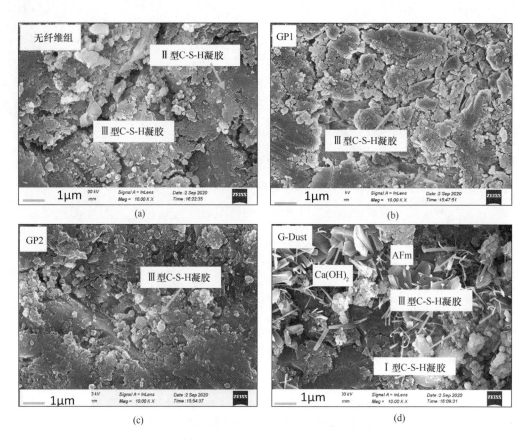

图 4-31　掺 6（质量分数，%）rGFRP 粉末和飞灰混凝土微观结构
（a）无纤维组；（b）GP1；（c）GP2；（d）G-Dust

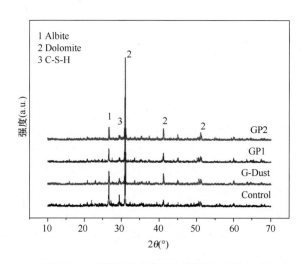

图 4-32　rGFRP 粉末和飞灰混凝土矿物组成

末引起膨胀的原因，并提出合理的抑制、控制方法，更好地在混凝土中利用 rGFRP 粉末。

4.4 回收玻璃钢粉末混凝土膨胀机理及抑制方法

此前，有一些研究者发现 rGFRP 粉末会引起混凝土膨胀。在 Tittarelli 等人[80] 和 Asokan 等人[20] 的研究中，rGFRP 混凝土在早期养护阶段发生轻微膨胀，抗压强度降低超过了 25%。Asokan 等人[20] 还发现发现 50% 的砂子被 rGFRP 代替后，混凝土的密度降低了约 12%，这是由于基体内部微孔体积大量增加导致的。但是，rGFRP 引起混凝土膨胀的机理尚不明确。

为明确膨胀机理，选用研究中膨胀最显著的 G-Dust 进行研究，对 G-Dust 进行加速碱反应，集气测定成分确定引起膨胀的反应；通过不同掺量 G-Dust 混凝土的物理力学性能，从结构变化间接说明膨胀问题，并通过不同的 rGFRP 预处理方法探索膨胀的抑制和控制技术。

4.4.1 原材料与试验方法

（1）原材料及配合比

配制混凝土采用 P·O 42.5 水泥，细度 342m²/kg。为消除砂浆膨胀，采用二级粉煤灰和硅灰作为外加剂，其细度分别为 330m²/kg 和 25000m²/kg。原料的氧化物成分列于表 4-5。选用羟丙基甲基纤维素（HPMC），以提高混凝土的保水性能，在 20℃、转速 20r/min 条件下，2%HPMC 溶液的黏度为 105mPa·s。细集料选用石英砂，平均粒径为 0.25mm。回收玻璃钢粉末的物理化学性质如 4.1 节所示。

表 4-5　水泥及矿物掺料氧化物组成（质量分数，%）

原料	Na₂O	MgO	Al₂O₃	SiO₂	ZnO	CaO	Fe₂O₃	LOI
水泥	0.08	0.53	3.32	15.26	0.05	66.35	3.20	6.54
硅灰	0.19	0.40	0.82	95.20	0.01	1.52	0.01	4.14
粉煤灰	2.06	2.54	25.40	52.60	0.02	5.77	6.10	4.65

制备不同质量掺量（0、3%、6%、9%）的 rGFRP 混凝土，同时采用不同方式对 rGFRP 粉末或混凝土进行处理，评价其膨胀程度。处理方法为：

① 将 rGFRP 粉末在 5% NaOH 溶液中预浸泡 4h，然后分别以 3%、6% 和 9% 的掺量掺入砂浆中；

② 将 rGFRP 粉末在水中预浸泡 1h、2h、4h，然后放入砂浆中搅拌；

③ 用粉煤灰分别替代 5%、10%、20% 的水泥；

④ 用硅灰分别替代 5%、10%、20% 的水泥；

⑤ 添加不同含量的 HPMC（即水泥质量的 0.05%、0.15% 和 0.25%）。

混凝土配合比见表 4-6，分别为 rGFRP、rGFRP-N、rGFRP-W、rGFRP-FA、rGFRP-SF、rGFRP-H。命名为"rGFRP-影响因子＋影响因子的值"。影响因子 N、W、FA、SF、H 分别代表 rGFRP 粉末在 NaOH 溶液中预浸的含量、rGFRP 在水中预浸的时间、粉煤灰含量、硅灰含量和 HPMC 含量。

表 4-6　rGFRP 粉末混凝土配合比

组别	编号	水泥(kg)	砂(kg)	rGFRP(kg)	NaOH浸泡时间	水浸泡时间	粉煤灰(kg)	硅灰(kg)	增稠剂(g)	水(kg)
	Control	—	—	0	—	—	—	—	—	—
rGFRP	rGP-3	1.0	1.0	0.03	—	—	—	—	—	—
	rGP-6	—	—	0.06	—	—	—	—	—	0.4
	rGP-9	—	—	0.09	—	—	—	—	—	—
	rGP-N3	—	—	0.03	—	—	—	—	—	—
rGFRP-N	rGP-N6	1.0	1.0	0.06	4h	—	—	—	—	—
	rGP-N9	—	—	0.09	—	—	—	—	—	—
	rGP-W1	—	—	—	—	1h	—	—	—	—
rGFRP-W	rGP-W2	1.0	1.0	0.9	—	2h	—	—	—	0.4
	rGP-W4	—	—	—	—	4h	—	—	—	—
	rGP-FA5	0.95	—	—	—	—	0.05	—	—	—
rGFRP-FA	rGP-FA10	0.9	1.0	0.9	—	—	0.05	—	—	0.4
	rGP-FA20	0.8	—	—	—	—	0.2	—	—	—
	rGP-SF5	0.95	—	—	—	—	—	0.05	—	—
rGFRP-SF	rGP-SF10	0.9	1.0	0.9	—	—	—	0.1	—	0.4
	rGP-SF20	0.8	—	—	—	—	—	0.2	—	—
	rGP-H5	—	—	—	—	—	—	—	0.5	—
rGFRP-H	rGP-H15	1.0	1.0	0.9	—	—	—	—	1.5	0.4
	rGP-H25	—	—	—	—	—	—	—	2.5	—

（2）新拌混凝体浆体膨胀试验

在混凝土制备过程中，首先将水泥、rGFRP 粉末、粉煤灰、硅灰、HPMC、砂等固体材料混合 3min，得到均匀的混合物，然后用水混合 5min。通过油封法测量新拌混凝土的体积变化，如图 4-33（a）所示。按表 4-6 中的配比，将 450mL 新拌砂浆放入 1000mL 的量筒中，然后用 50mL 机油密封。通过计算机油上表面的变化来确定砂浆的膨胀高度（M_e），每隔 5min 测量一次，公式如下：

$$M_e = \frac{V_f - V_i}{V_i} \times 100\% \tag{4-1}$$

式中，V_f 为砂浆的最终体积；V_i 为砂浆的初始体积。

在测试过程中，有少量气泡从油封层中溢出，说明 rGFRP 与水泥浆之间发生了反应，产生的气体可能是砂浆膨胀的主要原因。为了研究反应机理，将 300g rGFRP 浸泡在 500g 5%（质量分数）的 NaOH 溶液中，利用加速反应产生气体，直到气体总体积恒定。如图 4-33（b）所示，rGFRP 粉末与 NaOH 溶液在最初 60min 内发生剧烈反应，产生大量气体，240min 后停止反应。

用 300mL 的集气袋收集气体，然后分别用气相色谱（GC）和气相色谱-质谱（GC-MS）仪测定，如图 4-33（c）所示。检测气体主要有两种类型：H_2，用 TCD 检测器测试，

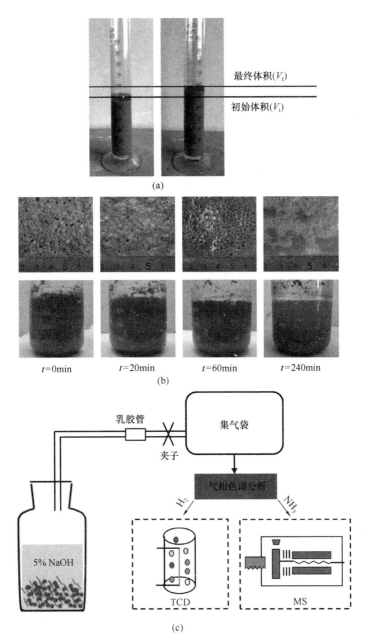

图 4-33　rGFRP 对砂浆膨胀性影响试验设计

（a）砂浆体积膨胀测试；（b）产气反应；（c）气体收集和检测

温度上升至 80℃，持续 3min，然后以 35℃/min 的速度上升至 150℃；检测 NH_3，采用气相色谱仪 7890B-5977B，色谱柱为 DB-23，60m×0.25mm×0.25μm，温度为 40℃，然后用 NIST 光谱数据库对光谱进行分析。

（3）混凝土工作性能和力学性能

采用相同的制备过程制备不同 rGFRP 粉末掺量的混凝土，根据 ASTM C230—21 标准[72]，混凝土的流动性在搅拌后立即用跳桌测试来确定。根据 ASTM C807—2013 标准[73]，使用维卡仪测试初始和最终凝结时间。

对于物理和力学性能试件，将新拌混凝土倒入模具中，在室温（25±2）℃和相对湿度95%下养护24h后脱模。分别制备100mm×100mm×100mm（密度、吸水率和无侧限抗压试验）、40mm×40mm×160mm（三点弯试验）和25mm×25mm×280mm（干燥收缩试验）试样，在（20±2）℃温度和95%以上相对湿度下养护28d。

先将混凝土试样干燥至恒重进行密度测试，然后在水中浸泡24h，然后用以下公式测定其吸水率：

$$w = \frac{M_a - M_0}{M_0} \times 100\%$$ （4-2）

式中，w为吸水率；M_0为干燥样品的质量，kg；M_a为样品在水中浸泡24h后的质量，kg。

采用承载能力为300kN的万能试验机，对养护28d后的砂浆试样进行无侧限压缩试验和三点弯曲试验，加载速率分别为2400N/s和50N/s。无侧限抗压强度（UCS）和抗弯强度的测试结果均由3个相同的样品确定。

（4）混凝土微结构与反应热动力学

通过工业CT对三点弯曲试验后混凝土试样的孔隙度进行分析，扫描电压为220kV，电流为200μA，张数为2000，扫描精度为0.1mm。使用VG Studio Max v3.2软件对孔隙的三维体积形态进行分析。

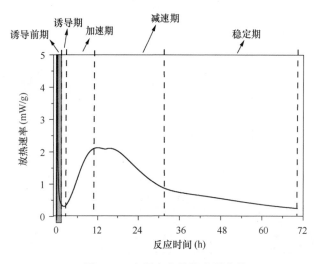

图4-34 水泥水化放热典型曲线

为研究rGFRP粉末对水泥水化的影响，采用混凝土的水泥浆体部分进行等温量热仪试验。固体材料总共2.18g，混合比例见表4-6。混合后先密封24h，温度达到平衡（20℃）后，再将0.8g水慢慢注入。每隔1min采集一次放热量，总测量时间为72h。

根据Kondo[74]，水化过程可分为初始阶段、诱导阶段、加速阶段、减速阶段和衰减阶段，这可以通过水化热曲线反映出来，如图4-34所示。根据Knudson[75]和Kondo[74]提出的水化动力学模型，通过式（4-3）和式（4-4）计算所有砂浆的特征参数，定量说明膨胀机理。

$$\frac{1}{P} = \frac{1}{P_\infty} + \frac{t_{50}}{P_\infty(t - t_0)}$$ （4-3）

$$[1 - (1-a)^{1/3}]^N = Kt$$ （4-4）

式中，P为水化放出的热量，J/g；P_∞为无限时间后水化释放的总热量，J/g；t_{50}为水化度达到50%时的反应时间，h；$t - t_0$为加速期开始计算的水化时间，h；t_0为加速期开始的瞬间，h；a是水合程度；K为水化反应速率常数；N为常数，表示水化进程。当N<1时，水化反应受成核反应控制；当N=1时，水化反应受边界反应控制；当N>1时，水化反应受扩散过程控制。

采用 X 射线衍射仪，在 4kW 电压下，以 6°/min 的步长，从 5°扫描到 90°，同时对 rGFRP 进行 20～800℃ 范围内的热重分析，表征 rGFRP 的矿物相组成，分析膨胀机理。从混凝土试样中心位置取出部分样品，将其磨成粒径小于 45μm 的细粉，借助 XRD 对不同处理方法下的 rGFRP 水泥浆进行矿物学表征[76]。借助扫描电子显微镜（SEM）和 X 射线能谱（EDS）对养护 28 d 水泥浆体的微观结构进行分析，分析 rGFRP 和不同处理方法对水泥浆体微观结构的影响，揭示膨胀的产生和抑制机理。

4.4.2 膨胀现象和抑制方法

（1）混凝土膨胀

掺入 3％～9％ rGFRP 粉末并采用 5 种预处理方式，测得新拌混凝土的膨胀，如图 4-35（a）所示。未处理 rGFRP 混凝土的膨胀高度随 rGFRP 粉末掺量的增加而显著增加。经 NaOH 预浸泡的 rGFRP 粉末，掺入混凝土后未发生膨胀。水处理也会减小混凝土膨胀，膨胀高度随浸泡时间的延长而降低。添加硅灰（SF）也可有效地降低砂浆膨胀率，当替代 20％水泥时，最高降低膨胀 19％。但是粉煤灰（FA）对控制膨胀几乎没有作用，

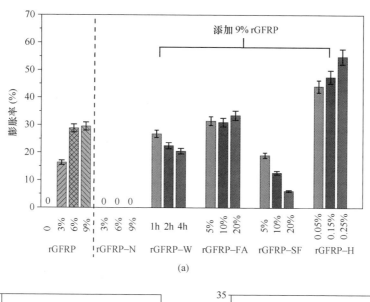

(a)

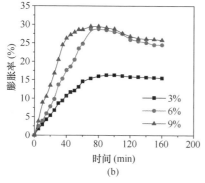

(b)

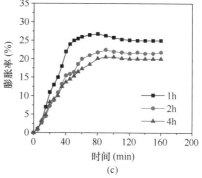

(c)

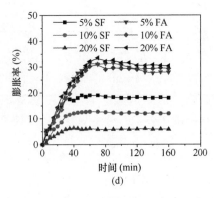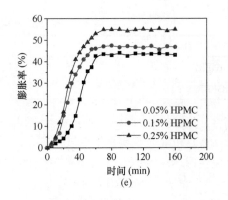

图 4-35　rGFRP 粉末对水泥砂浆膨胀性的影响

（a）最终膨胀率；（b）未处理粉末掺量；（c）碱处理时间；（d）硅灰和粉煤灰；（e）HPMC

而 HPMC 还增加了膨胀高度。

图 4-35（b）～图 4-35（e）比较了膨胀试样的高度随反应时间的变化，所有 rGFRP 混凝土的膨胀主要发生在浇筑后的前 80min，由于反应时间较短且反应剧烈，因此不太可能是由于碱-硅反应和 rGFRP 吸水膨胀引起的。考虑到油封试验中液面气泡溢出的现象，认为生成气体是导致砂浆产生的原因之一，因此在下面几节进行了进一步研究。

4.4.3　膨胀机理和抑制机理

由于 rGFRP 粉末具有微纤维性、不规则的形状和复杂的化学成分，因此引起混凝土膨胀可能的原因很多：① rGFRP 粉末吸水性高，可能由于吸水引起混凝土膨胀[77]；②玻璃纤维中的硅质组分可能引起碱-硅反应（ASR）[78]；③rGFRP 粉末残余辅助材料水化，生成钙矾石和 Ca（OH）$_2$ 等膨胀晶体[79,80]；④rGFRP 废料中残留的 Al 等金属与水泥中的碱液发生反应，产生大量气体[81]。

从激烈、快速的放气反应以及油封试验的气泡溢出，可以推测膨胀不是由于 rGFRP 吸水、碱-硅反应或辅材水化反应引起的[82]，应该是水泥基体与 rGFRP 反应产生了大量的气体导致的。为了确定气体类型和反应过程，将 rGFRP 浸泡在 5％ NaOH 中 4h，收集气体并去除 rGFRP 中的反应组分。采用气相色谱和气相色谱-质谱联用技术检测气体成分，并分别用 X 射线荧光（XRF）和 X 射线衍射（XRD）分析 NaOH 浸泡前后 rGFRP 的化学成分变化。

如表 4-7 和图 4-36 所示，rGFRP 在 NaOH 溶液中浸泡 4h 后，Al 和 Zn 含量显著降低。这些元素与 OH$^-$ 反应生成 H$_2$，与水泥注浆材料中应用的膨胀剂铝粉类似，当掺量为 0.02％时，可使胶凝材料早期膨胀 1％～3％[83]。

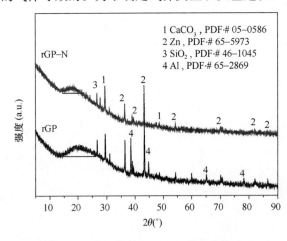

图 4-36　碱处理前后 rGFRP 粉末矿物组成

表 4-7　碱处理前后 rGFRP 粉末化学成分

成分（%）（质量分数）	Na	Mg	Al	Si	Zn	Ca	Fe	烧失量
rGFRP	0.00	1.99	10.61	33.57	11.54	33.29	3.01	3.42
rGFRP-N	1.78	1.93	7.41	32.54	8.26	35.29	1.91	2.15

此外，在 NaOH 预浸泡后，rGFRP 的 XRD 谱中 $15°\sim30°2\theta$ 之间的馒头峰减弱，如图 4-36 所示。这可能是玻璃钢生产过程中必不可少的成分，如芳香环、环氧环、铵盐等，与碱溶液反应生成 NH_3、CH_4 等气体。这类似于由偶氮二甲酰胺（$H_2NC(O)\text{-}N(H)\text{-}N(H)\text{-}C(O)NH_2$）和低含量 $NaHCO_3$ 组成的塑料膨胀剂在水泥[79]中的反应。

如图 4-37 所示，气相色谱（GC）和气相色谱-质谱（GC-MS）分别检测到气体中 H_2 和 NH_3。在 GC-MS 分析中还检测到 CH_4 气体，可能是水泥与 rGFRP 中的有机物反应产生的。这很好地验证了上述假设，并解释了在 NaOH 中预浸泡 rGFRP 可以有效消除砂浆膨胀。

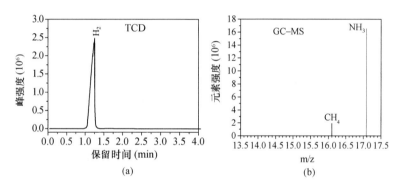

图 4-37　rGFRP 粉末和 NaOH 溶液反应产气成分测试
（a）TCD；（b）GC-MS

通过以上试验结果我们可以发现，rGFRP 粉末中残余金属元素和有机辅料等与水泥浆体中的碱性溶液反应大量放气，是造成 rGFRP 粉末混凝土膨胀的最主要原因，而采用 NaOH 预浸泡粉末、加入硅灰等，与这些反应物质提前产生化学反应，消耗了膨胀物质，这是 NaOH、硅灰等可以抑制膨胀的主要原因。然而，这不是混凝土膨胀以及力学性能下降的唯一原因，下面会对力学性能的增强方法和机理进一步研究。

4.4.4　回收玻璃钢粉末混凝土性能与增强机理

（1）工作性能

混凝土流动性和凝结时间受 rGFRP 掺量的影响较大。以扩展直径为参数，混凝土流动性随 rGFRP 掺量的增加而增大，如图 4-38（a）所示。当 rGFRP 粉末经过 NaOH 预浸泡后，流动性提高更显著，这主要是膨胀问题被解决后混凝土气泡减少，浆体流动阻力减小。另外，加入粉煤灰和 rGFRP 粉末预浸水也可提高流动性，这主要归功于粉煤灰的球体形状和水分的加入起到了润滑作用[70]。值得注意的是，硅灰高于水泥的细度增加了需水量，降低了流动性。

混凝土初凝时间和终凝时间随 rGFRP 粉末掺量增加均延长，如图 4-38（b）和图 4-38

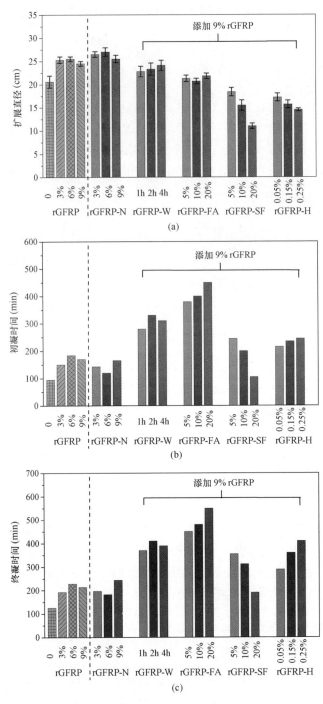

图 4-38　rGFRP 粉末对砂浆流动性和凝结时间的影响

（a）扩展直径；（b）初凝时间；（c）终凝时间

（c）所示。除 NaOH 预浸 rGFRP 混凝土与对照组的凝结时间相近外，其他方法处理的砂浆的初凝和终凝时间均有所延长。混凝土凝结时间延长的一个原因是其膨胀导致其像"面包"一样，使贯入阻力降低，另一方面可能由于 rGFRP 粉末降低了水泥的水化速率。混凝土凝结时间随硅灰掺量的增加先增大后减小，这可能是由于硅灰具有极高的细度和反应活性，加速了砂浆絮凝和水化。

（2）物理性质

由于 rGFRP 粉末引起较大的混凝土膨胀，对硬化后的混凝土密度和吸水性也产生了显著影响。如图 4-39（a）所示，掺加 rGFRP 后混凝土密度最高下降 19.2%。采用 NaOH 预浸后试件密度略有回升，但仍比不掺粉末的混凝土低 10%；硅灰对密度提高较为显著，掺量为 20%（质量分数）时，混凝土密度比对照组砂浆低 5.2%。

掺入 rGFRP 后混凝土吸水率提高了 60% 以上，如图 4-39（b）所示，这主要是由于过多连通孔的引入。NaOH 预浸明显改善了 rGFRP 混凝土吸水率高的问题，未掺 rGFRP 粉末混凝土的吸水率降低了 29.2%。硅灰作用更加显著，混凝土吸水率最低降至 2.93%。

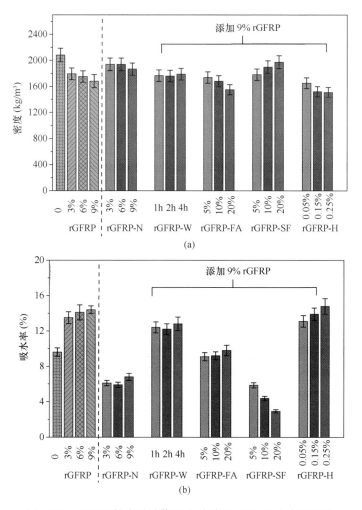

图 4-39 rGFRP 粉末对砂浆（a）密度和（b）吸水率的影响

（3）力学性能

通过对 rGFRP 粉末混凝土抗压强度和抗弯强度的研究，我们发现膨胀问题对混凝土的力学性能也产生了不良影响。如图 4-40（a）所示，混凝土 28d 抗压强度随 rGFRP 粉末掺量增加而降低。通过 NaOH 预浸 rGFRP 后，混凝土抗压强度显著提高，最多提高103%。这说明，rGFRP 粉末由于其颗粒形状不规则、与胶凝基体结合不良等特性，即使消除了膨胀，也会造成不同程度的强度损失[77]。掺入硅灰也可以显著提高混凝土强度，而 rGFRP 粉末预浸水、掺入粉煤灰均无明显影响，而加入 HPMC 会降低混凝土强度。

混凝土抗弯强度随 rGFRP 粉末掺量的变化规律与抗压强度一致，如图 4-40（b）所示。同时，经 NaOH 处理和掺入硅灰都可以提高混凝土抗弯强度，其他方法提高作用有限。综合混凝土物理力学试验结果表明，rGFRP 粉末引起的膨胀是力学强度损失较大的主要原因，而由于 rGFRP 粉末的轻质性、高细度等特性，即使消除了膨胀，也会导致混凝土强度下降，因此对混凝土微观结构进行研究，确定粉末对水泥水化的影响。

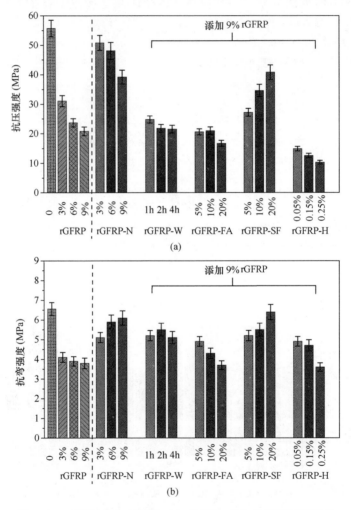

图 4-40 rGFRP 粉末对砂浆（a）抗压和（b）抗弯强度的影响

（4）水泥水化速率与混凝土微观结构

基于前面的研究可以看出，rGFRP 粉末造成了混凝土缓凝、流动性提高、力学性能下降等问题，混凝土膨胀消除后，这些问题仍未完全解决，考虑以下因素：① 与天然砂[65]相比，rGFRP 与水泥砂浆的界面强度相对较低；② rGFRP 细度高、质量轻、易团聚，不利于水泥水化[61, 66, 64]。

为了解 rGFRP 对水泥水化过程的影响，对混凝土的水泥净浆部分进行水化热分析，如图 4-41 所示。将放热阶段依据图 4-34 分为 5 个阶段：初始阶段水泥颗粒溶解的放热峰（峰 1）由于 rGFRP 粉末掺入有所降低 [图 4-41 (b)]，可能有以下原因：① rGFRP 粉末阻止了水泥颗粒与水接触；② 水泥基体中形成的气泡进一步抑制了水泥与水的接触。另外，硅灰、粉煤灰和 HPMC 加入进一步降低了峰 1 强度，可能是因为硅灰、粉煤灰降低了水泥的水化程度[84]，HPMC 吸附于水泥颗粒表面，降低水化速率[85]。

水泥的水化放热曲线还反映了 rGFRP 粉末反应放气的过程。掺有 rGFRP 粉末的混凝土，在诱导期出现了一个对照组没有的峰 2 [图 4-41 (c)]，这是 rGFRP 粉末与 OH⁻ 反应产生 H_2 和 NH_3 时放热导致的，在掺粉煤灰（rGFRP-FA20）、HPMC（rGFRP-H25）组中也十分明显，掺入硅灰后，（rGFRP-SF20）中明显减弱，rGFRP 粉末经 NaOH 预浸泡处理后，（rGFRP-N9）峰 2 消失。这说明了硅灰的火山灰反应先于 rGFRP 粉末消耗了 $Ca(OH)_2$[86,87]，而 NaOH 预浸泡处理提前消耗了 rGFRP 粉末中的活性元素，因此不会出现第 2 个峰。

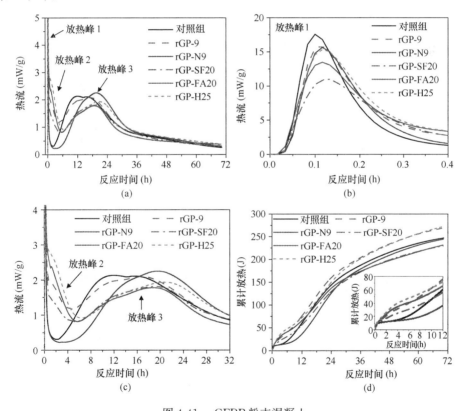

图 4-41　rGFRP 粉末混凝土
（a）72 小时水化放热速率；（b）放热峰 1；（c）放热峰 2、3；（d）总放热量

水泥中的主要矿物相 C_3A 和 C_3S 的水化放热主要发生在加速阶段（峰 3）[88]。除 rGFRP-N9 号组外，其他含 rGFRP 组峰 3 强度均呈下降趋势，与 1 号峰强度的下降趋势一致。峰 3 在 rGFRP-SF20、rGFRP-FA20 和 rGFRP-H25 中还出现滞后现象，因此减弱

了 C-S-H 凝胶的水化速率和程度，这也解释了图 4-38 中浆体的凝结时间延长，流动性增加现象。虽然 rGFRP-N9 中峰 3 的出现时间有所延迟，但强度略有增加，说明去除膨胀反应后水化速率有所提高。

通过量化水化动力学常数 N，进一步证明掺 rGFRP 粉末导致水泥水化延迟或下降[68, 80]。由表 4-8 可知，纯水泥的 N 值小于 1，说明水化反应以成核反应为主；含有 rGFRP 粉末水泥，N 值均大于 1，说明水化过程受扩散过程控制[87]。这说明，无论采用何种处理方法，或是否消除膨胀，rGFRP 的加入都削弱了水泥水化作用，并减少或延迟了 C-S-H 凝胶和 Ca（OH）$_2$ 的形成，造成不同程度的强度损失。值得注意的是，rGFRP-9，rGFRP-FA20 和 rGFRP-H25 高水化放热总量［图 4-41（d）和表 4-8］主要归功于 rGFRP 与水泥浆膨胀反应所释放的热量。

表 4-8　水泥水化加速阶段水化动力学参数

		水泥	rGFRP-9	rGFRP-N9	rGFRP-SF20	rGFRP-FA20	rGFRP-H25
总放热量(J)		246.9	269.4	244.3	229.5	231.3	272.2
加速反应参数	t/h	2.6～14.5	4.3～16.9	3.7～19.7	5.18～19.6	5.75～19.1	6.3～20.7
	N	0.85	2.78	1.75	2.78	3.23	3.45
	K	0.009	0.0002	0.0009	0.0002	0.0002	0.0002

rGFRP 粉末引起的混凝土膨胀及其对水泥水化的影响均可反映在混凝土微观结构上。对养护 28d 的混凝土试件进行 CT 扫描，图像和孔隙率分别如图 4-42 和图 4-43 所示。

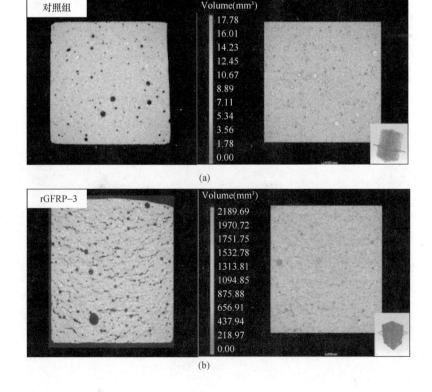

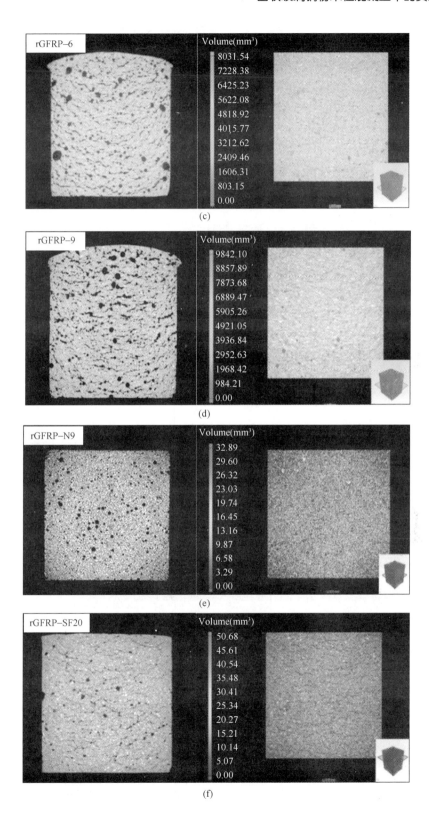

(c)

(d)

(e)

(f)

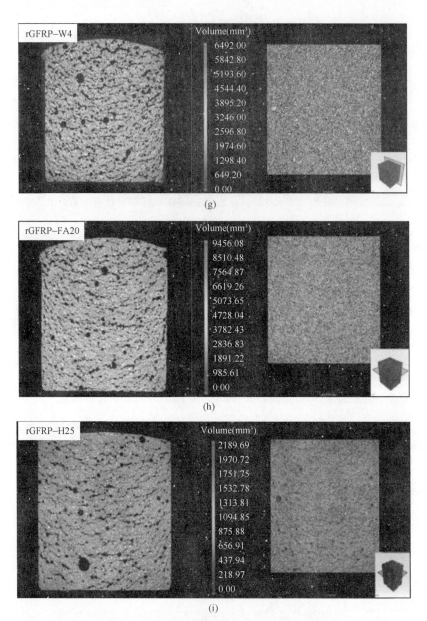

图 4-42　rGFRP 粉末混凝土内部孔隙分布

　　随着 rGFRP 掺量增加，混凝土孔隙和微裂纹逐渐增多，膨胀引起的鼓胀现象也有所增加。掺入 NaOH 预浸的 rGFRP 粉末，混凝土 CT 照片中膨胀消失、无明显裂缝，但内部微小孔隙增加。添加硅灰后，混凝土膨胀明显减小、但是仍有少量贯通微裂缝，说明仍有少量膨胀。水处理、添加粉煤灰和添加 HPMC 组的 CT 图片孔隙结构与未处理的 rGFRP粉末混凝土大致相同。这些连通孔和裂缝是生成的气体造成的，也是导致混凝土力学性能下降的主要原因。

　　进一步通过混凝土的 SEM 照片分析 rGFRP 粉末对微结构和水泥水化产物的影响，如图 4-44 所示。加入不同掺量 rGFRP 粉末，混凝土微观结构比明显疏松。当加入的 rGFRP粉末经过 NaOH 处理后，混凝土变得致密，主要是由于膨胀被有效抑制。掺入硅

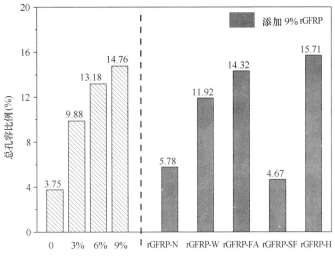

图 4-43 rGFRP 粉末总孔体积分数

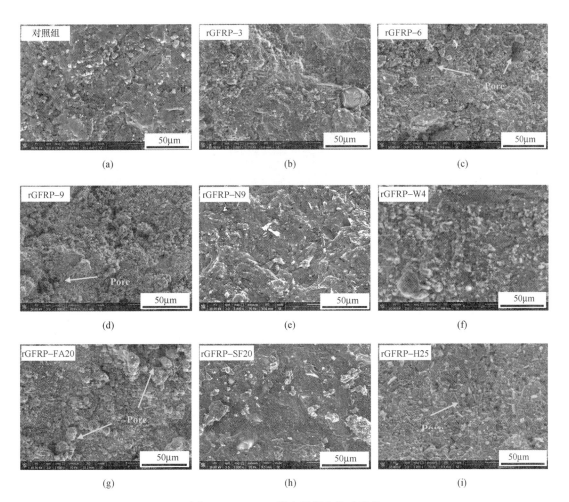

图 4-44 rGFRP 粉末混凝土微观形貌

灰后，混凝土微结构也更加密实，说明火山灰反应过程比膨胀反应速度快，硅灰可以先与 Ca（OH）$_2$反应形成更加密实的 C－S－H 结构。但是，其他处理方法的水泥基体微结构依然较疏松，说明膨胀问题对混凝土微结构影响非常大。

4.5 小结

基于本书作者的研究结果，综合其他学者的研究结论，rGFRP 粉末应用于混凝土主要具有以下特性和问题：

（1）rGFRP 粉末颗粒小、质量轻，根据来源的不同，其物理化学性质也有较大区别，但是总体来说 rGFRP 粉末会提高混凝土流动性、延长凝结时间、降低混凝土密度、提高混凝土吸水性，并不同程度地降低混凝土力学性能，想将 rGFRP 粉末在混凝土进行资源化利用需要解决这些问题。

（2）一些 rGFRP 粉末在混凝土拌和初期引起 15%～30%的混凝土膨胀，通过研究发现，这是由于机械破碎后残留在 rGFRP 粉末中的金属元素和有机聚合物等与水泥基材料中的碱溶液反应，释放大量气体导致的。这种膨胀会导致水泥水化反应程度下降、混凝土微结构多孔多缺陷等问题，造成混凝土凝结时间延长、密度降低、吸水率增加、力学强度下降等不利影响。

（3）通过系统研究和分析，开发了 NaOH 预浸 rGFRP 粉末和掺入硅灰两种方法，有效降低 rGFRP 粉末引起的混凝土膨胀问题，改善水泥水化程度和混凝土微观密实性，显著改善 rGFRP 粉末混凝土的物理力学性能。

（4）大部分 rGFRP 粉末是惰性材料，然而也存在一些飞灰会导致混凝土膨胀，如果应用适当的改性方法，可以在混凝土微膨胀剂或发泡剂等领域应用。rGFRP 粉末替代混凝土中的细骨料，可节省约 15%的细骨料成本，还节省了与废料处理、运输和填埋有关的费用。综上分析，rGFRP 粉末可有效循环再造，不仅可应用于多种建筑用混凝土产品中，而且有助于实现环境无害管理的目标。

5 回收玻璃钢纤维在混凝土中的资源化利用

通过物理破碎回收的废弃玻璃钢中 60％以上为短纤维，将其按照一定比例掺入砂浆和混凝土中提高强度和韧性。然而，由于其来源多样、成分复杂、尺寸混杂、表面不光滑等问题，不同的回收玻璃钢（rGFRP）纤维对砂浆、混凝土等的影响不一致。本章总结了 rGFRP 纤维的几何、物理、力学等性质，综述了 rGFRP 纤维混凝土物理力学性能的影响及其机理，介绍了不同类型的 rGFRP 纤维增强混凝土的性能和优化技术，最后指出了 rGFRP 纤维在混凝土中资源化利用的科技、经济及环境效益。

5.1 回收玻璃钢纤维的特性

纤维状的玻璃钢回收料是通过锤式、辊式破碎机等破碎得到的，玻璃钢是由玻璃纤维从不同角度多层铺贴并与树脂高度复合在一起的，在反复捶打、挤压和撕扯过程中得到的纤维尺寸复杂、长度较短、宽度较大、表面粗糙，已在第 2 章简要介绍。为实现 rGFRP 纤维在混凝土中的有效利用，我们对三种不同来源的 rGFRP 纤维进行了物理、化学和力学性能测试。

研究采用三种不同来源废弃玻璃钢（电缆盒、污水井盖、边角料）经多级粉碎工艺得到的回收料（GFRP1、GFRP2 和 GFRP3）。首先通过物理筛分法对 rGFRP 进行分选，将通过 0.3mm 孔径筛的部分定义为粉末，0.3mm 到 9.5mm 孔径之间部分定义为纤维簇（GFP1、GFP2 和 GFP3），大于 9.5 mm 孔径部分定义为片状废料，如图 5-1（a）所示。

通过物理筛分得到的纤维簇中除了纤维还含有少量的树脂颗粒和因摩擦产生的纤维球，因此进一步采用水选和风选工艺对纤维簇进行筛分。具体流程如图 5-1（b）所示：先将纤维簇分散在水中，用超声振动 1min 并不断搅拌，随后采用 0.3 mm 孔径筛进行过

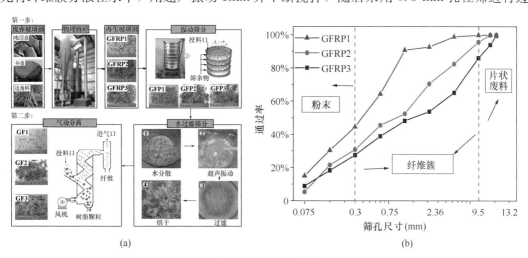

图 5-1 rGFRP 纤维

（a）尺寸分布；（b）处理与分选过程

滤，重复 3 次上述过程以去除纤维球，然后烘干并采用风选对树脂颗粒进行分离得到三种 rGFRP 纤维，命名为 GF1、GF2 和 GF3。

5.1.1　物理性质

我们分别对纤维的尺寸、密度、吸水率和亲水性进行了测试。采用图像处理方法对纤维长度、宽度、长宽比（l/w）和单丝投影面积进行了计算分析，分析结果如图 5-2 所示，并将其物理性质汇总于表 5-1，与耐碱玻璃纤维（AR1 和 AR2）进行对比。

表 5-1　rGFRP 纤维与耐碱玻璃纤维物理性质对比

样品	直径（mm）			长度（mm）			密度（g/cm³）	吸水性（%）	接触角（°）
	最大值	最小值	平均值	最大值	最小值	平均值			
GF1	2.4	0.3	1.1	13.3	0.9	3.1	2.08	10.2	128.4
GF2	5.3	0.4	3.2	23.4	1.2	9.5	1.83	12.5	112.1
GF3	4.9	0.3	1.3	17.3	0.8	6.8	1.76	15.1	76.6
AR1	1.5	0.5	1.0	6.0	6.0	6.0	2.70	5.4	—
AR2	0.013	0.013	0.013	20.0	20.0	20.0	2.70	5.4	—

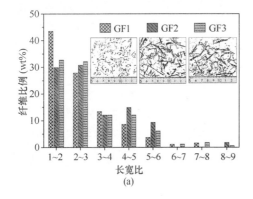 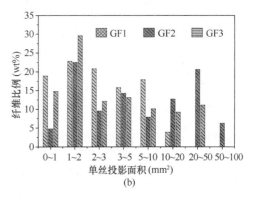

图 5-2　rGFRP 纤维纤维
（a）长宽比；（b）单丝面积分布

两种耐碱玻璃纤维的直径分别为 1.0mm 和 0.013mm，长度分别为 6.0mm 和 20.0mm，与耐碱玻璃纤维相比，rGFRP 纤维的尺寸分布范围较广，其最大长度和宽度远高于耐碱玻璃纤维，而最小长度和宽度远低于耐碱玻璃纤维。GF2 的平均长度和平均宽度最高，其次是 GF3 和 GF1；同时，GF2 中纤维面积大于 20mm² 的比例最高。综合比较发现，GF2 的尺寸最大，GF3 比 GF1 尺寸大，GF1 的碎片化特征最明显，这也可以从图 5-2（a）的纤维二值图像中可以看出。

GF1、GF2 和 GF3 的密度分别为 2.08g/cm³、1.83g/cm³ 和 1.76g/cm³，低于耐碱玻璃纤维的密度（2.70 g/cm³）。由于 rGFRP 的密度与树脂含量有关，即树脂含量越多，密度越低，这说明 GF1 的树脂含量低于 GF2 和 GF3。GF1、GF2 和 GF3 的吸水率分别为 10.2%、12.5% 和 15.1%，略高于耐碱玻璃纤维（5.4%）。纤维接触角由高到低依次为 GF1、GF2、GF3，分别为 128.4°、112.1°、76.6°，判定 GF1、GF2 和 GF3 纤维分别具有超疏水、疏水和亲水表面。纤维表面较高的保水率会增加混凝土的收缩率和孔隙率，而由于吸收的液体是水泥浆液，因此有研究学者认为这会增加纤维-砂浆的粘结强度。

5.1.2 化学性质

利用 XRD、TGA-DSC 和 FTIR 对 rGFRP 纤维进行化学性质表征，如图 5-3 所示。XRD 谱图表明，三种 rGFRP 纤维均存在 $10°\sim30°2\theta$ 之间的馒头峰，在 GF2 和 GF3 中发现方解石矿物（$CaCO_3$），而在 GF1 中未发现。对纤维的热重分析发现，在 750℃ 时，在 GF2 和 GF3 中发现了一个明显的失重，而在 GF1 中没有发现，这是由 $CaCO_3$[89] 分解引起的。在 GF2 和 GF3 的 FTIR 波谱中，在 $1490cm^{-1}$ 处发现了 CO_3^{2-} 不对称的伸缩键，而在 GF1 中没有，这与 XRD 和 TGA-DSC 结果一致，表明 GF2 和 GF3 含有 $CaCO_3$。

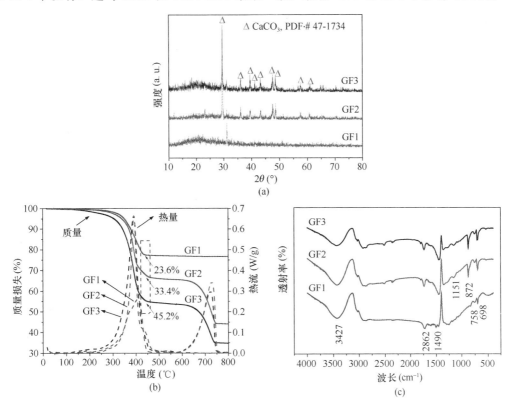

图 5-3　rGFRP 纤维
（a）XRD 谱图；（b）TGA-DSC 曲线；（c）FTIR 谱图

所有 rGFRP 纤维的热重质量在 400～500℃ 均显著降低，这是由于树脂分解造成的。GF3、GF2 和 GF1 的质量损失百分比分别为 45.2%、33.4% 和 23.6%，说明了三种 rGFRP 纤维树脂含量不同。FTIR 光谱分析发现，GF1、GF2 和 GF3 均在 $2862cm^{-1}$ 和 $698cm^{-1}$ 处有特征峰，分别属于烷烃 C-H 键和芳香族 C-H 键。与 CH_2 键有关的 $758cm^{-1}$ 波段仅在 GF1 中观察到。结果表明，GF1 中的树脂与其他两种纤维中的树脂种类不同。

利用 SEM 对 rGFRP 的微观形貌进行表征，并和 E-玻璃纤维（低碱玻璃纤维）和 AR-玻璃纤维进行对比，如图 5-4 所示。与 E-玻璃纤维和 AR-玻璃纤维相比，GF1、GF2 和 GF3 纤维由于被树脂包覆或粘结，主要以纤维束形式存在，表面粗糙。通过 X 射线能谱测试发现，玻璃纤维耐碱元素锆只在 AR-玻璃纤维中发现（点 2）。GF1 和 GF3 中点 3

和点 6 的主要元素为玻璃纤维中的 Si、O 和 Ca，类似于 E-玻璃纤维（点 1）。点 5 和点 4 的元素为树脂中的 C、O 和 Ca。

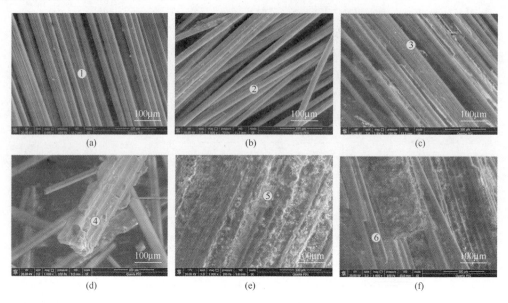

图 5-4　纤维的 SEM 图像对比

（a）E-玻璃纤维；（b）AR-玻璃纤维；（c）GF1 纤维；（d）GF1 环氧树脂；（e）GF2 纤维；（f）GF3 纤维

因为 GF1 中树脂含量最低，选用其进行纤维碱耐腐蚀试验，如图 5-5 所示，GF1 在

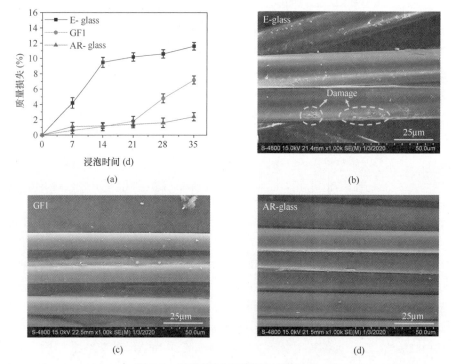

图 5-5　纤维的加速碱腐蚀试验结果

（a）质量损失；（b）E-玻璃纤维；（c）GF1 纤维和（d）AR-玻璃纤维浸泡 35d 后的 SEM 图像

前 21d 的质量损失速率与 AR-玻璃纤维相似，之后损失速率增加，这可能是由于未包覆部分在 NaOH 溶液中逐渐溶解造成的。E-玻璃纤维、GF1 和 AR-玻璃纤维浸泡 35d 后质量损失百分比分别为 11.6%、7.2% 和 2.4%。碱耐腐蚀后纤维的微观形态如图 5-5（b）～图 5-5（d）所示。AR-玻璃纤维和 GF1 表面未见明显蚀刻，表面仍然光滑，而 E-玻璃纤维表面结构被碱腐蚀破坏，这表明树脂为 rGFRP 纤维提供了良好的抗碱腐蚀保护。

5.1.3 力学特性

通过单轴拉伸试验评价了 rGFRP 纤维和 AR-玻璃纤维的抗拉性能。采用长度为 20mm、宽度为 1mm 的纤维束进行测试，将纤维束两端分别用环氧树脂胶固定在两片 25mm×15mm×1mm 纸板之间，如图 5-6 所示。用 10kN 的加载机[90]以 0.1mm/min 的速率施加拉伸载荷。由表 5-2 可知，rGFRP 纤维的抗拉强度均高于水泥基材料（即 1.0～4.0MPa），弹性模量均高于砂浆（即 7.0～11.0GPa[90]），表明其具有传递混凝土拉应力、减少开裂的作用。

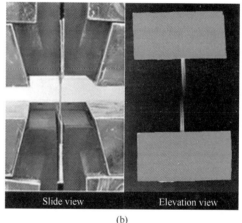

图 5-6　rGFRP 纤维与 AR-玻璃纤维抗拉试验对比
（a）固定加载单元；（b）断裂 AR-玻璃纤维样品

表 5-2　rGFRP 纤维和 AR-玻璃纤维力学性能对比

纤维	抗拉强度（MPa）	弹性模量（GPa）	伸长率（%）
GF1	11.2	47.8	4.5
GF2	11.2	52.6	3.5
GF3	13.9	73.1	3.2
AR1	8.7	80.4	2.3
AR2	9.9	80.4	3.2

5.2　回收玻璃钢纤维增强混凝土

5.2.1 研究与应用现状

由于 rGFRP 纤维表现出于普通玻璃纤维较为类似的几何、物理特征，研究者积极地将其应用于水泥基建筑材料中，同时对 rGFRP 纤维增强混凝土中的问题进行研究。

（1）水泥基覆面板

采用掺量为 5％的 2 种长度均为 20mm 的 rGFRP 纤维掺入 2 种尺寸的水泥基覆面板（300mm×300mm×12mm 和 300mm×300mm×8mm），发现该纤维与水泥基材料黏附性良好，能够提高覆面板材的抗弯性能、抑制裂纹扩展[7]。

（2）普通混凝土

研究者有的采用 rGFRP 纤维与粉末复合掺入混凝土[91]，有的将初级破碎的 rGFRP 回收料精细化分选后，采用断裂模量和韧性指数最高的大尺寸纤维替代细骨料 1％～5％来增强混凝土[92]，有的通过等量替代粗骨料 5％增强混凝土[17]，混凝土力学性能均有不同程度提高。但是仍存在由于 rGFRP 纤维与水泥间的火山灰反应导致的混凝土微膨胀等问题[17,93]。

（3）自密实混凝土

体积分数为 0.25％、0.75％和 1.25％的 rGFRP 纤维能够提高自密实混凝土各项力学性能，rGFRP 纤维掺量为 1.25％时，自密实混凝土达到最高的抗压强度、抗弯强度和抗冲击性能[86,94]。

（4）地聚物

从废弃风机叶片回收的 rGFRP 纤维可以提高地质聚合物（地聚物）的力学性能，且采用的层数越多，抗弯强度提高越显著，最大增幅高达 144％，超过了其他几种纤维增强地质聚合物，证明了 rGFRP 纤维作为地聚物增强材料的潜力。

目前，将 rGFRP 纤维应用于混凝土和砂浆是研究最为广泛的领域，研究也是最多的，本节对 rGFRP 纤维混凝土物理和力学性能进行系统总结和分析。

5.2.2 回收玻璃钢纤维对混凝土性能的影响

（1）物理性质

由于 rGFRP 纤维与水泥、砂、石等材料在外形、物理性质、化学成分等方面存在的差异，它对水泥基材料的密度、吸水性等方面会产生较为显著的影响。

① 密度

与 rGFRP 粉末类似，纤维替代细骨料或粗骨料时，会降低新拌混凝土和硬化混凝土的密度。由于 GFRP 的相对密度（1.76）比沙子（2.6）低，用 rGFRP 纤维在混凝土中代替细骨料可以起到减轻质量的作用，并且随着 rGFRP 尺寸变小，混凝土密度降低的程度提高。另外，rGFRP 纤维的保水性也是影响密度不可忽视的因素。由于在混凝土搅拌过程中，rGFRP 纤维吸收的水分被释放，使得混凝土硬化期间密度降低，当保水性较好时，硬化过程中水分释放量减少，混凝土密度降低较少。

② 膨胀与收缩

在实际工程中，混凝土的干湿变形量很小，一般无破坏作用，但干缩变形能够使混凝土的表面产生较大的拉应力而导致开裂，降低混凝土的抗渗、抗冻、抗侵蚀等耐久能力。

与混凝土的密度类似，rGFRP 纤维保水性显著影响混凝土的干缩。Dehghan[17]在研究中采用了四种不同树脂成分的 rGFRP 纤维，树脂的种类分别为：双酚 A 型环氧乙烯基酯、酚醛基环氧乙烯基酯、阻燃环氧乙烯基酯以及不饱和聚酯。在常温（23±2）℃和

50％±4％相对湿度的四个月测试期内，四种 rGFRP 纤维没有改善混凝土的干缩，有些反而增大了干缩，如图 5-7 所示。

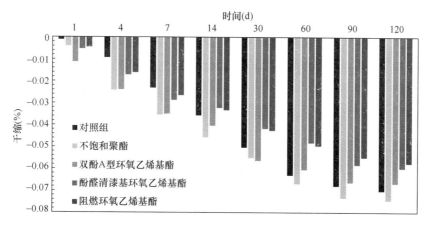

图 5-7　不同树脂基体回收纤维增强混凝土、普通对照混凝土干缩随时间变化的关系

酚醛及环氧乙烯基酯和阻燃环氧乙烯基酯的 rGFRP 纤维增强混凝土与普通混凝土的 4 个月干缩量相当，而不饱和聚酯 rGFRP 纤维增强混凝土比普通混凝土高 0.433％。双酚 A 型环氧乙烯基酯和不饱和聚酯 rGFRP 纤维增强混凝土比普通混凝土分别高 1.49％、1.46％，双酚 A 型环氧乙烯基酯增强混凝土干燥收缩率最大。另外，这两种纤维在混凝土中产生结团，导致孔隙率提高，而其刚度较低无法提供良好的抗收缩性，使混凝土的干缩进一步增大。

另有研究在三种混凝土中分别掺入 5％和 10％来自列车整流罩的 rGFRP 纤维、5％来自配电板的 rGFRP 纤维代替细骨料，体积稳定后的干缩如图 5-8 所示，三种掺入 rGFRP 纤维的混凝土表现出更好的抗干缩性，在任何样品上都没有明显的裂缝或表面损伤，因为 rGFRP 纤维具有较高的吸水率和保水性[93]。

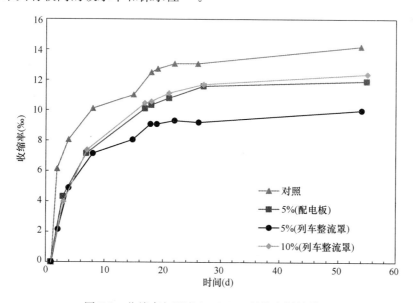

图 5-8　收缩率与强度和 rGFRP 纤维含量的关系

另外有研究发现，rGFRP 纤维混凝土的碱-硅酸盐反应试验中膨胀值均低于 0.1％[17]，如图 5-9 所示。

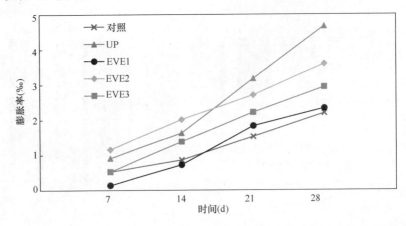

图 5-9　rGFRP 纤维混凝土和不含 rGFRP 纤维混凝土在碱-硅酸盐反应试验中的膨胀率

这 5 种 rGFRP 纤维混凝土在棱柱试验中，膨胀值均低于 0.4％的膨胀极限，结果如图 5-10 所示。

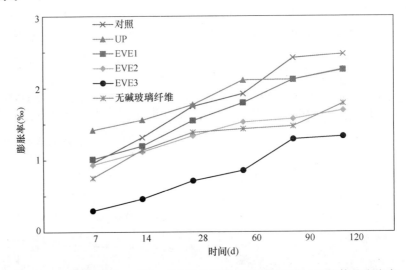

图 5-10　rGFRP 纤维、不含 rGFRP 和无碱玻璃纤维混凝土棱柱体的膨胀率

观察膨胀试件微观结构，试件中均未观察到碱硅酸盐反应相关的裂纹和碱硅凝胶沉淀物。但在某些试件中，一些紧邻 rGFRP 纤维的硬化水泥浆体的毛细孔可能通过碱硅凝胶的吸收而被填充或致密化。

研究者认为，所有使用 rGFRP 纤维增强混凝土，不论纤维来源、尺寸如何，随着时间的推移均会发生相较于素混凝土反应程度更高的碱硅酸盐反应，形成内部膨胀凝胶，从而导致开裂和损坏[17]，但是所有反应产生的膨胀均低于 ASTM C1260[95]规定的 0.1％膨胀阈值。

（2）抗压强度

抗压强度是混凝土十分重要的力学性能指标。混凝土养护 28d 的平均抗压强度随着

rGFRP 纤维掺量的增加而降低，如图 5-11 所示，在此规律下变化趋势仍有细微波动，不同条件影响的波动也呈现不同趋势，其中影响因素十分繁杂，包括：再生纤维的尺寸、减水剂的添加、固化方式、掺入再生纤维的量以及梯度、再生纤维替代的是粗骨料还是细骨料、再生纤维的保水性、养护条件等。

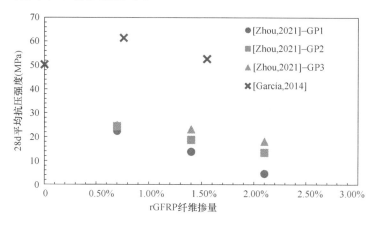

图 5-11 养护 28d 抗压强度与 rGFRP 纤维掺量的关系

① 纤维尺寸

研究者将 rGFRP 纤维按照长度分为了大尺寸、中尺寸、小尺寸纤维和粉末，掺入同等比例的条件下，大尺寸纤维相较于其他尺寸来说，7d 平均抗压强度提高了 2%，其他尺寸 rGFRP 纤维增强混凝土比素混凝土强度下降了 26%～41%，如图 5-12 所示[92]。这是由于比表面积大的纤维需要更多的水泥才能形成完全粘结，故比表面积相对较小的大尺寸纤维掺入混凝土中表现出更好的粘结性和抗压强度。

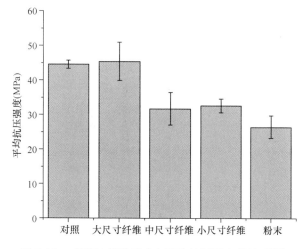

图 5-12 rGFRP 纤维尺寸与平均抗压强度的关系[92]

② rGFRP 纤维性质

不同树脂、纤维等原料种类的 rGFRP 回收纤维制备的混凝土对材料的力学性能不同。Asokan 等使用 rGFRP 纤维替代 20% 水泥时，混凝土抗压强度降低了约 16%[7]，然而 Dehghan 利用的双酚 A 型环氧乙烯基酯（EVE1）、酚醛清漆基环氧乙烯基酯（EVE2）、阻燃环氧乙烯基酯（EVE3）和不饱和聚酯（UP）基 rGFRP 纤维，对混凝土抗压强度有不同程度提高，如图 5-13 所示。UP 组体积比掺量为 25％，其余三组体积比掺量均为 40％[17]。

回收纤维原材料种类不同，影响最大的就是纤维的保水性。由于混凝土中 rGFRP 纤维绒中的水分可能在混凝土搅拌过程中被释放，局部提高了水胶比，所以抗压强度随着再生纤维保水性的增加而降低。此外，在水胶比非常低的超高性能混凝土中，这种内部来源的养护水分对混凝土强度是有益的。除了 EVE2，添加了 rGFRP 纤维的混凝土比对照组抗拉强度有显著提高，如图 5-13 所示[17]。

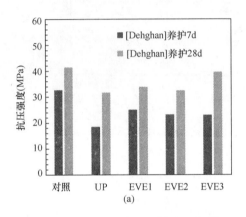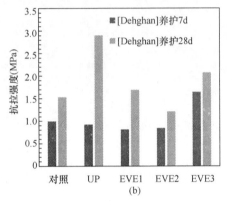

图 5-13　不同树脂类型 rGFRP 纤维增强混凝土强度[17]
（a）平均抗压强度；（b）平均抗拉强度

③ rGFRP 纤维掺量

为了更准确地分析 rGFRP 纤维掺量对混凝土抗压强度的影响，Mastali 在混凝土中掺入较少比例的纤维（0.25％、0.75％和 1.25％），在此范围内混凝土抗压强度提升。研究者将抗压强度提高的原因归结于载荷作用下用 rGFRP 纤维可以阻止试件中裂纹的产生[86]，如图 5-14 所示。

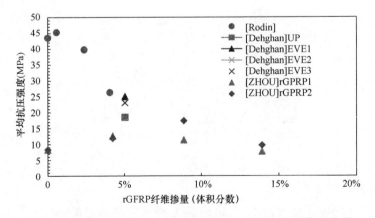

图 5-14　养护 7d 试件 rGFRP 纤维掺量与平均抗压强度的关系

其他研究者也进行了类似研究，一般来说，混凝土的 7d 抗压强度均出现了先升高后降低的趋势。在 Rodin 的研究中，由于纤维掺量范围较小且添加了高效减水剂，峰值出现得相对更早[92]。Asokan 的研究中，养护至 180d 的 rGFRP 纤维增强混凝土的平均抗压强度规律也同上述规律一致[2]。

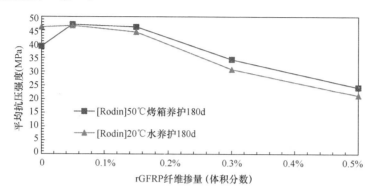

图 5-15　养护 180d 试件 rGFRP 纤维掺量与平均抗压强度的关系

试件的抗压强度表明，rGFRP 纤维增强混凝土的平均抗压强度阶段性提高明显受纤维含量的影响。这是因为 rGFRP 纤维在水泥基复合材料中起到裂缝桥接作用，但是因为 rGFRP 纤维自身强度较低，当掺量过大时会引起混凝土抗压强度的降低。

④ 其他因素

随养护时间的增加，rGFRP 纤维增强混凝土的抗压强度、抗折强度和抗拉强度均会随之提高，与未掺纤维的混凝土表现出了相同的规律，说明力学强度随时间的变化主要取决于混凝土基体的发展，受 rGFRP 纤维影响较小；除此之外，养护温度对混凝土力学性能的影响受纤维影响也较小[7]。

减水剂对 rGFRP 纤维混凝土的影响较为显著[7,92,93]。本书作者在研究过程中加入 2% 聚羧酸减水剂，添加减水剂后所有试验组样品的抗压强度较未添加外加剂的混凝土对照组均有提高，且高于素混凝土的抗压强度[96,97]。

研究人员采用了多种养护方式对 rGFRP 纤维混凝土进行性能研究，包括室温养护、烤箱养护、水固化养护方式等。在 Asokan[7] 的研究中分别对比了两种养护方式的混凝土抗压强度：在（20±2）℃的水中养护和（50±2）℃的烤箱里养护，所得抗压强度如图 5-16所示。rGFRP 纤维增强混凝土抗压强度增长速度在水养护下比烘箱养护高，随着时间的增加两种养护方式的混凝土强度均有所增加，但烘箱养护的抗压强度明显优于水养护。

（3）抗弯性能

混凝土的抗弯性能主要由两个指标评价：抗弯强度（即断裂模量）和韧性指数。本部分我们介绍 rGFRP 纤维对混凝土的抗弯强度和韧性指数的影响。

① 抗弯强度

不论掺量多少，rGFRP 纤维掺入后，混凝土的抗弯强度均出现了提高。Mastali 等[86]利用 0.25%～1.25% 掺量的 rGFRP 纤维制备 64 根 500mm×60mm×60mm 的自密实混凝土棱柱梁，通过四点弯曲试验评估 rGFRP 增强自密实混凝土抗弯性能。混凝土梁的抗弯

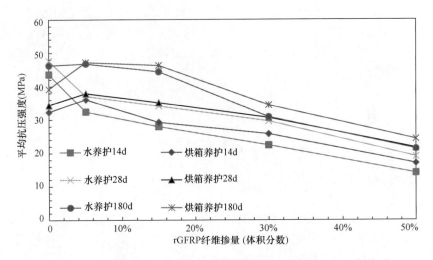

图 5-16 不同养护制度下 rGFRP 纤维掺量和平均抗压强度的关系

强度提高了 30.13%～59.46%，纤维掺量越高，抗弯强度提高越显著。Rodin[92]将大、中、小三种尺寸 rGFRP 纤维和粉末以 3%体积分数掺入混凝土，抗弯强度如图 5-17 所示。小尺寸纤维组的抗弯强度略有增加，大尺寸纤维组增长 23%，但是中尺寸组略有下降，可能是数据离散度较大导致的。

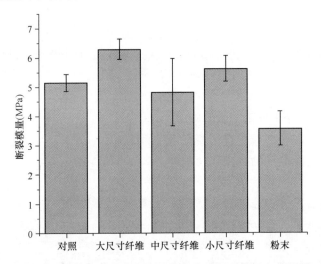

图 5-17 rGFRP 纤维尺寸和抗弯强度（断裂模量）的关系

rGFRP 纤维减少裂缝产生和扩展的原因主要是其可以为混凝土内部提供桥接作用，通过传递应力以提高混凝土抗弯强度。然而，Felekoğlu 等[98]发现，增加纤维在整个复合材料中的均匀分布也可能增加形成的裂缝数量，从侧面解释了中尺寸组再生纤维对混凝土抗折强度造成的不利影响。

② 韧性指数

Rodin 等[92]通过四点抗弯试验记录 rGFRP 纤维增强混凝土梁的载荷-挠度曲线，计算韧性指数（TI）来评价峰后加载性能，研究 rGFRP 纤维对混凝土韧性的改善作用。使用

图 5-18 中第一条垂线标出的峰值荷载来确定荷载-挠度曲线上相应的位移，并根据曲线下面积的比率计算 TI，并选择 2 至 5 倍的峰值荷载挠度对应的荷载来确定峰后韧性的差异，分别为 I_2，I_3，I_4 和 I_5。

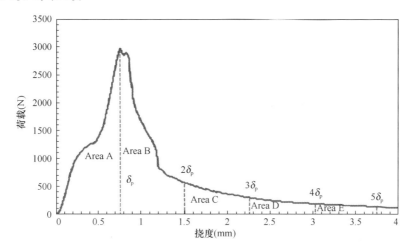

图 5-18　用于计算韧性指数的荷载-挠度曲线

结合图 5-18，每个 TI 的计算公式如表 5-3 所示。对照组和 rGFRP 粉末增强混凝土导致很少或没有峰后韧性。中组和小组显示韧性达到 I_3，而大组 rGFRP 显示韧性一直达到 I_5。

表 5-3　rGFRP 纤维增强混凝土韧性指数和数值

混合料名称	韧性指数			
	$I_2 = \dfrac{A+B}{A}$	$I_3 = \dfrac{A+C}{A}$	$I_4 = \dfrac{A+D}{A}$	$I_5 = \dfrac{A+E}{A}$
对照	—	—	—	—
大	1.77	1.18	1.13	1.07
中	1.79	1.09	—	—
小	1.16	1.02	—	—
粉末	1.04	—	—	—

在每个试验龄期，荷载—挠度曲线下的面积随着 rGFRP 纤维掺量的增加而提高，如表 5-4 所示。当掺量为 5% 时，rGFRP 纤维对韧性指数提高最显著，其次是 3% 掺量。养护 7d 时，3% 和 5% rGFRP 纤维增强混凝土均表现良好的韧性，而在 28d 和 90d 龄期时，5% rGFRP 纤维增强混凝土的韧性表现较为突出。

表 5-4　不同 rGFRP 纤维掺量混凝土在 7d、28d 和 90d 的韧性指数值

龄期 (d)	GFRP 纤维掺量 (体积分数)	韧性指数值			
		I_2	I_3	I_4	I_5
7	对照	1.01	—	—	—
	1%	1.13	—	—	—

续表

龄期 (d)	GFRP 纤维掺量 (体积分数)	韧性指数值			
		I_2	I_3	I_4	I_5
	3%	1.81	1.22	1.10	1.04
	5%	2.16	1.41	1.23	1.13
28	对照	1.01	—	—	—
	1%	1.07	—	—	—
	3%	1.74	—	—	—
	5%	1.87	1.28	1.13	—
90	对照	—	—	—	—
	1%	1.17	1.05	1.04	
	3%	1.61	1.11		
	5%	1.87	1.23	1.13	1.08

所有掺入 rGFRP 纤维的混凝土比对照组都表现出了更高的韧性指数，且随 rGFRP 掺量的增加，更高挠度下的韧性指数有所增加，主要是由于 rGFRP 有助于减缓裂纹扩展和桥接裂纹，从而表现出更好的抗弯强度。

（4）抗拉强度

纤维增强混凝土的抗拉强度同样是重要的力学性能指标，Sebaibi[91]采用体积掺量 4.41% rGFRP 纤维和 7.13% rGFRP 粉末（M2）、4.41% rGFRP 纤维（M3）、6.2% rGFRP 纤维（M4）、7.13% rGFRP 粉末（M5）手动分散到混凝土中，抗拉强度比素混凝土增加了约 51%～83.5%，如表 5-5 所示。

表 5-5　Sebaibi 研究中 rGFRP 混凝土单轴拉伸性能[108]

混合物	M_1	M_2	M_3	M_4	M_5
强度（MPa）	4.62	8.48	7.14	7.10	7.01
强度提高率（%）	—	83.5	54.54	53.6	51
吸收能（N/mm）	0.005	0.017	0.035	0.035	0.006
吸收能提高率（%）	—	311	651.8	653.63	15

Novais 等[99]评估了 rGFRP 纤维对地聚物抗弯性能的增强作用，他们以生产风机叶片的玻璃钢纤维长丝毡边角料为原料，切割成 6mm 和 20mm 长的纤维后掺入地聚物。与纯地聚物相比，rGFRP 纤维增强地聚物的抗拉强度有高达约 77% 的提高。长度大的不如长度小的纤维增强效果明显，主要是因为包含较长纤维的地聚物孔隙率水平较高。

（5）抗冲击性能

对于 rGFRP 纤维混凝土，抗冲击性能具有十分重要的工程应用意义，Mastali 等[86]对掺入 0.25%、0.75% 和 1.25% 体积分数的 rGFRP 纤维增强混凝土圆盘试件进行了落锤冲击试验，抗冲击性能数据见表 5-6。

表 5-6　rGFRP 纤维混凝土试样的抗冲击性能

rGFRP 纤维掺量	0.25%			0.75%			1.25%		
	第一裂缝抗冲击次数	极限抗冲击次数	平均抗冲击次数	第一裂缝抗冲击次数	极限抗冲击次数	平均抗冲击次数	第一次抗冲击次数	极限抗冲击次数	平均抗冲击次数
平均次数	38.07	47.07	9.10	55.97	71.05	15.07	75.97	98.32	22.35
标准方差	14.00	17.95	6.70	22.78	27.59	7.34	32.98	43.21	15.46
变异系数（%）	36.77	38.14	73.64	40.69	38.84	48.73	43.41	43.94	69.20

当掺量为 0.25%～1.25% 时，rGFRP 纤维增强混凝土抗冲击性能提高了 2.94 倍。抗冲击性能与混凝土静力学性能有着密不可分的关系，试样力学性能随着 rGFRP 纤维掺量增加而提高，然而抗冲击性能的离散性也随之增加，因此掺入 1.25% rGFRP 纤维的混凝土第一裂缝和极限抗冲击性能的最大变异系数较大，分别为 43.41% 和 43.49%。

总结来说，添加 rGFRP 纤维提高了混凝土的抗冲击性能，其中掺量为 1.25% 时抗冲击性能最高，然而离散性也有所增加。

5.2.3　回收玻璃钢纤维混凝土性能优化方法

（1）表面处理改性手段

为使 rGFRP 纤维增强混凝土获得更好的力学性能和耐久性，需要对纤维与混凝土间的界面性质进行改善。研究者采用表面砂磨和硅烷改性两种方式：打磨 rGFRP 使之形成粗糙表面，与水泥基体在养护过程中互锁，增强纤维与混凝土间的粘合；硅烷改性选用 3-氨基-丙基三乙氧基硅烷（APTES）改善纤维与水泥基体间的黏结力，同时改善 rGFRP 纤维表面的耐碱性。

未处理的 rGFRP 纤维增强混凝土平均最大拔出力为 1855N，剪切强度为 387MPa；表面砂磨过的 rGFRP 纤维增强混凝土拔出力为 1564N，剪切强度为 326MPa，剪切强度增加了 23%。通过砂磨进行的表面处理提高了纤维与混凝土间的黏合力，但计算的剪切强度的标准偏差几乎是其他组别的四倍，说明砂磨处理的工艺手段均匀度和一致性有待提高。

相反，硅烷改性的 rGFRP 纤维增强混凝土剪切强度比未处理 rGFRP 纤维增强混凝土低 16%，原因是硅烷醇可能与混凝土的硅酸钙水合物交联，并通过释放水形成疏水性硅树脂层，水被留存在纤维和混凝土之间的过渡区，导致水和水泥含量的变化，多余的水导致孔隙形成和脆性行为。

（2）改善分散性

拌和是制造混凝土极其重要的一项步骤，混合能量的不同会影响混凝土强度、密度、孔隙率、纤维分散情况等各类指标。Sebaibi 等的研究发现 rGFRP 纤维的结团问题导致水泥基材料在硬化后强度明显降低、纤维分布不均以及干缩明显增大的问题，采用 180r/min 和 1600r/min 两种混合速率，调整 rGFRP 纤维分散性[91]。

研究表明，在相同条件下，使用 1600r/min 相较于 180r/min 混合速率制造出的混凝土抗弯强度增加了 8%。在 1600r/min 混合速率下，纤维簇的产生明显减少，结团问题得到有效解决，纤维在加载方向上分布更好。因此，提高减水剂等外加剂掺量、使用高速率混合等方法可使混凝土取得更好的工作性能和力学性能，但存在增加材料孔隙率的缺点。

5.3　全回收玻璃钢增强混凝土

为提高 rGFRP 在混凝土中资源化利用的效率，我们研究大掺量 rGFRP 纤维簇对混凝土性能的影响，采用两种级配的 rGFRP 以 10％、20％和 30％（质量分数）替换水泥砂浆中的砂子，评价 rGFRP 回收料级配和掺量对混凝土的流动性、密度、吸水率和力学性能的影响，结合超声波检测和 CT 扫描分析 rGFRP 回收料对混凝土密实度和破坏模式的影响。

5.3.1　原材料

试验用胶凝材料由 P·O 42.5 水泥、硅灰和粉煤灰组成，粉体与两种 rGFRP 回收料（rGFRP1 和 rGFRP2）化学组分如表 5-7 所示。硅灰的表观密度为 2.2 g/cm^3，比表面积为 18000m^2/kg，90％的硅灰粒径小于 20μm。粉煤灰来自包头市某电厂，相对密度为 2.65，比表面积为 513m^2/kg，325 目筛通过率为 78％。选用 PCA 聚羧酸系高性能减水剂，含固量 40％，减水率 37％。试验用水是天津地区自来水。

表 5-7　胶凝材料和 rGFRP 的化学成分

化学组分（质量分数，％）	水泥	硅灰	粉煤灰	rGFRP1	rGFRP2
Na$_2$O	0.1	0.8	0.5	0.9	0.7
MgO	0.5	0.9	0.5	4.7	4.4
Al$_2$O$_3$	3.3	0.8	31.1	4.6	6
SiO$_2$	15.3	85.7	35.9	8.9	4.7
P$_2$O$_5$	3.3	0.7	0.6	0.4	7.3
CaO	66.4	1.5	3.9	3.5	65
Fe$_2$O$_3$	3.2	3.9	3.4	14.7	4.0
烧失量	6.5	4.1	15.6	—	—

细骨料采用石英砂和河砂。石英砂平均粒径为 315.2μm。河砂细度模数为 2.1。粗骨料为花岗岩碎石，最大粒径 25mm，含泥量为 0.3％，表观密度为 2720kg/m^3。骨料和 rGFRP 回收料颗粒级配如表 5-8 和图 5-19 所示。rGFRP1 中粉末（＜0.3mm）含量为 44.6％，纤维平均长度为 3.1mm，最大尺寸为 13.3mm；rGFRP2 中粉末（＜0.3mm）含量为 30.8％，纤维平均长度为 9.5mm，最大尺寸为 23.4mm。

rGFRP1 和 rGFRP2 形貌和微观结构如图 5-20 所示，两种 rGFRP 回收料密度分别为 1.71g/cm^3 和 1.59g/cm^3，吸水率为 0.64％和 0.36％，树脂含量分别为 23.6％和 33.4％。

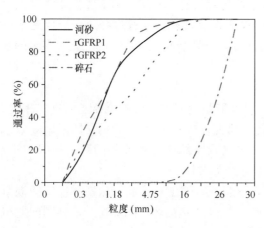

图 5-19　骨料与 rGFRP 回收料粒径累计百分数曲线

表 5-8　rGFRP 和粗细骨料颗粒级配

细骨料				粗骨料	
粒径（mm）	河砂（%）	rGFRP1（%）	rGFRP2（%）	粒径（mm）	碎石（%）
＜0.15	14.3	30.3	21.5	＜4.75	0.2
0.15～0.3	22.8	14.3	9.5	4.75～9.5	3
0.3～0.6	32.1	19.7	14.8	9.5～16	20.4
0.6～1.18	11.3	26.5	6.9	16～19	29.9
1.18～2.36	8.0	3.9	18.3	19～26	40.8
2.36～4.75	7.8	2.9	12.1	＞26	5.3
4.75～9.5	3.5	1.5	13.2	—	—
＞9.5	0.2	0.9	4.4	—	—

图 5-20　rGFRP 外观及扫描电镜图像

5.3.2　全回收 rGFRP 砂浆性能

rGFRP1 和 rGFRP2 的 3 种掺量（10%、20% 和 30%）（质量分数）替代石英砂，按照表 5-9 所示配比制备砂浆。

对水泥砂浆进行流动性、表观密度、吸水率抗压强度、抗弯强度和劈裂抗拉强度试验，并将砂浆抗压试件制成 5mm×5mm×1mm 的薄片，利用扫描电镜（SEM）分析 rGFRP 种类和掺量对 rGFRP 纤维与水泥基体粘结情况。根据两种全回收 rGFRP 砂浆的物理力学性能确定较优的 rGFRP 组进行混凝土研究。

表 5-9　全回收 rGFRP 砂浆配比（%）

样品	水泥	石英砂	硅灰	rGFRP1	rGFRP2	减水剂	水
对照组	0.8	1.0	0.2	—	—	0.005	0.45
rGPRP1-10%	0.8	0.9	0.2	0.1	—	0.005	0.45
rGPRP1-20%	0.8	0.8	0.2	0.2	—	0.005	0.45
rGPRP1-30%	0.8	0.7	0.2	0.3	—	0.005	0.45
rGPRP2-10%	0.8	0.9	0.2	—	0.1	0.005	0.45
rGPRP2-20%	0.8	0.8	0.2	—	0.2	0.005	0.45
rGPRP2-30%	0.8	0.7	0.2	—	0.3	0.005	0.45

（1）流动性

两种全回收 rGFRP 砂浆的流动度测试结果如图 5-21（a）所示，砂浆的扩展直径随 rGFRP 替代率增大而减小，rGFRP1 的降低相对较小。rGFRP 是由纤维团簇、颗粒状填料和粉末混合而成的，具有比石英砂（2.65g/cm³）更低的密度和比表面积，会消耗更多的拌和水。由于 rGFRP2 中粉末比 rGFRP1 少、长纤维（表 5-8 中＞1.18mm 部分）占比更多，且多呈束状形态（图 5-20）影响流动性，因此 rGFRP2 对砂浆流动性降低的影响比 rGFRP1 更显著。

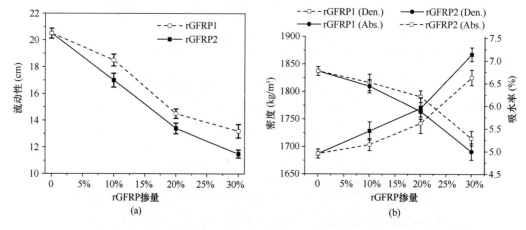

图 5-21　全回收 rGFRP 对水泥砂浆
（a）流动性；（b）表观密度和吸水率的影响

（2）密度和吸水率

由图 5-21（b）可以看出，随着 rGFRP 替代率增大，水泥砂浆的表观密度减小。rGFRP 密度低于石英砂，等质量替代时 rGFRP 占有的体积要远大于石英砂，造成砂浆密度降低。此外，rGFRP 表面形态复杂、亲水性差，拌和过程中引入大量气泡，rGFRP2 比 rGFRP1 粉末占比小，纤维尺寸大，更容易在砂浆搅拌过程引入空气，因此密度降低更多。

此外，掺入大掺量 rGFRP 时，大量水泥颗粒会被 rGFRP 中的粉末包裹，阻碍了水泥的水化，使得大部分的水分都通过自然蒸发而消耗掉，从而在砂浆试件中留下了许多连通的毛细孔，因此 rGFRP 会使砂浆吸水率增大，rGFRP2 砂浆吸水率提高更为显著。

（3）力学性能

两种 rGFRP 对砂浆力学性能的影响如图 5-22 所示，随着 rGFRP 替代率的增加，砂浆 7d 和 28d 的抗压、抗折和劈裂强度均呈先增大后减小的趋势，当掺量为 10％三种强度最高，rGFRP1 增强砂浆 28d 强度分别为 47.7MPa、8.2MPa 和 3.6MPa，rGFRP2 砂浆 28d 强度分别为 47.3MPa、8.5MPa 和 4.2MPa。

当 rGFRP 掺量较小（10％）时，砂浆的抗压强度提高，可能是由于 rGFRP 中的树脂颗粒表面比较粗糙，增加了其与骨料之间的摩擦力与机械咬合力，同时 rGFRP 中含有的 $CaCO_3$ 等填料，能够较好地与基体间粘结，起到了填充孔隙的作用[100]。rGFRP 中的纤维能够阻止裂缝扩展，这对于砂浆抗弯和劈裂强度的提升有一定的作用。

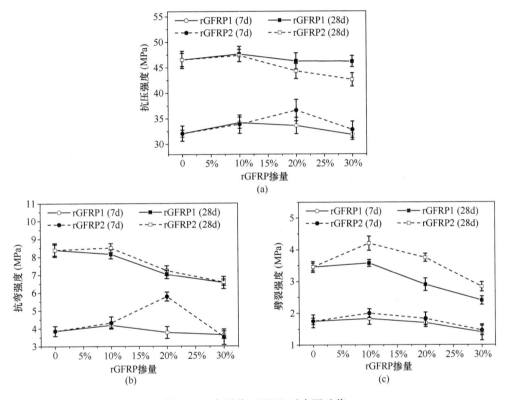

图 5-22　全回收 rGFRP 对水泥砂浆
（a）抗压强度；（b）抗弯强度；（c）劈裂强度的影响

然而，随着 rGFRP 掺量的增加，rGFRP 对砂浆工作性能的影响越来越大，rGFRP 砂浆流动性差、不密实可能是导致砂浆强度降低的原因。此外，rGFRP 呈扁平、针棒等形状，与富有棱角状的石英砂存在较大差异，如图 5-23 所示，rGFRP 无法提供石英砂的骨架作用，这可能是砂浆强度随 rGFRP 掺量增加而降低的另一个原因。其中，rGFRP2 在这方面的影响比 rGFRP1 更为显著。

（4）微观分析

两种 rGFRP 水泥砂浆 SEM 图片如图 5-24 所示，结合图 5-20 可以发现：（1）rGFRP1 含有部分树脂颗粒，纤维以单根为主且未完全被树脂包裹；rGFRP2 中纤维多被树脂包裹并呈束状；（2）掺量为 10％时，rGFRP1 与砂浆粘结紧密，未出现明显气孔，而 rGFRP2

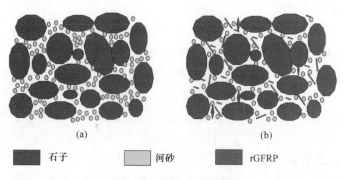

图 5-23　混凝土骨架示意图

（a）不掺 rGFRP；（b）掺 30％ rGFRP

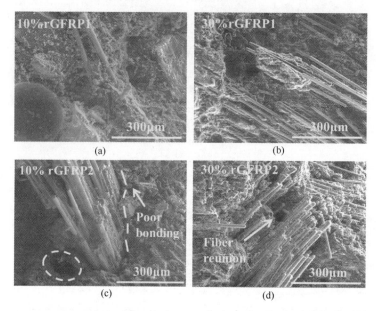

图 5-24　养护 28d 的 rGFRP 砂浆的扫描电镜分析

（a）10％rGFRP1；（b）30％rGFRP1；（c）10％rGFRP2；（d）30％rGFRP2

与砂浆粘结界面处存在微裂缝和少量气孔；（3）掺量达到 30％时，两种 rGFRP 砂浆均出现纤维团聚现象，并且砂浆与纤维的粘结面附近存在大量孔隙。

对 rGFRP 砂浆的微观分析说明，大掺量 rGFRP 引起砂浆孔隙增多是导致砂浆力学性能降低、吸水率增大的一个重要原因；当粉末含量较高且 rGFRP 掺量较低时，能够较好地填充由于搅拌引起的砂浆气孔，如图 5-24（a）和（b）所示，对提高砂浆密实度和力学性能有一定作用。通过比较，选定 rGFPR1 作为混凝土增强材料开展进一步研究。

5.3.3　全回收 rGFRP 混凝土性能

基于砂浆的试验结果选取对混凝土强度提高较显著的 rGFRP1 替换河砂，制备混凝土试件，具体配比见表 5-10。

表 5-10 全回收 rGFRP 混凝土配比

组别	石子 （kg/m³）	水泥 （kg/m³）	河砂 （kg/m³）	rGFRP1 （kg/m³）	水 （kg/m³）	粉煤灰 （kg/m³）	矿粉 （kg/m³）	减水剂 （kg/m³）
rGFRP1-0	1052	288	731	0	175	62	65	—
rGFRP1-10	1052	288	657.9	73.1	175	62	65	1.6
rGFRP1-20	1052	288	584.8	146.2	175	62	65	3.5
rGFRP1-30	1052	288	511.7	219.3	175	62	65	10.1

对混凝土进行凝结时间、密实度、抗压性能、抗弯性能、劈裂抗拉性能、破坏形态和微观结构分析试验。为了解 rGFRP 掺量对混凝土孔隙和缺陷的影响，对混凝土抗弯试件进行超声分析（图 5-25），并对其断面进行显微结构分析；采用 X-射线 CT 对抗压试验后的试件进行扫描，分别选取试件横向和纵向的 1/2 处分析硬化后全回收 rGFRP 混凝土密实情况，并分别对比横向和纵向的 1/3 和 1/2 处切片，切片位置如图 5-26（a）和（b）所示。切片图像精度为 $75\mu m$。

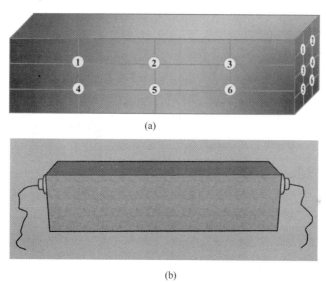

(a)

(b)

图 5-25 超声波检测测点示意图
（a）测试点；（b）测试探头

（1）凝结时间

随着 rGFRP1 掺量的增加，混凝土初凝时间和终凝时间都有所延长，如图 5-27 所示，掺量为 10% 时变化较小，但是掺量增加至 30% 时，初凝时间和终凝时间分别延长了 93.8% 和 124.3% 左右，影响非常大。首先，rGFRP 的粉末部分颗粒细、活性低，掺量大时导致粉末团聚并包裹水泥颗粒，阻碍水泥水化、延长混凝土凝结时间；其次，rGFRP 纤维部分显著降低混凝土流动性，为保证良好拌和性能需增加减水剂掺量，而减水剂的缓凝作用延长了混凝土凝结时间。

（2）密实度

混凝土的超声波脉冲速度和振幅如图 5-28（a）和（b）所示，脉冲速度和振幅越高

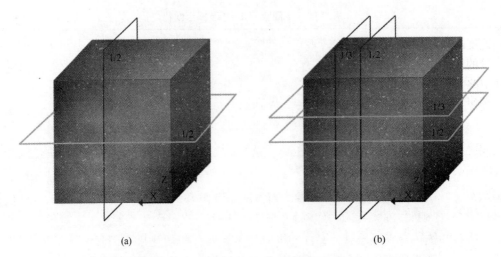

图 5-26 全回收 rGFRP 增强混凝土抗压试件 CT 切片位置示意图

（a）破坏前；（b）破坏后

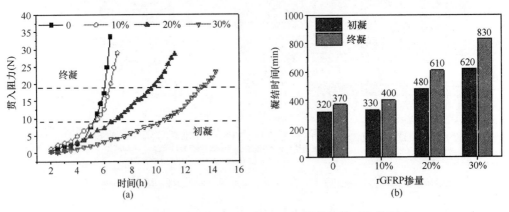

图 5-27 不同掺量全回收 rGFRP 对水泥砂浆凝结时间的影响

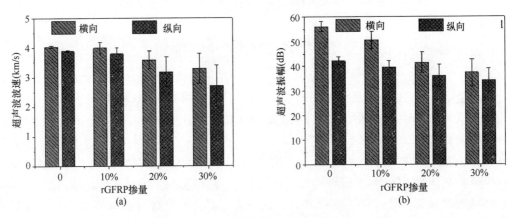

图 5-28 全回收 rGFRP 混凝土纵横向超声波分析

（a）波速；（b）振幅

说明混凝土越密实。当 rGFRP 替代量超过 10％时，无论横向还是纵向，混凝土的超声波脉冲速度和振幅均出现明显降低，并且各测点之间的差值也在增大。这说明随着 rGFRP 替代量的增加，混凝土中的孔隙逐渐增多；同时，rGFRP 的分散性降低导致混凝土的均匀性下降，同一试件不同测点的超声波脉冲速度和幅值的差值（标准方差）增大。

为了形象地说明 rGFRP 对混凝土密实情况的影响，对混凝土试件进行 CT 扫描分析（图 5-29）。切片的灰度与材料的密度有关，密度越大颜色越明亮，白色部分为石子，黑色部分为气孔，由于 rGFRP 密度与胶凝材料接近，均呈灰白色。

从混凝土横向 1/2 切片位置可以发现，由于 rGFRP 密度比砂小，切片随 rGFRP 掺量增大更加清晰，同时混凝土内部孔隙逐渐增多增大。从混凝土纵向 1/2 切片位置发现，石子的不均匀程度增大，掺 30％rGFRP 混凝土出现了离析现象，这说明 rGFRP 不能阻止石子下沉，掺量过大还会造成分散性不良，降低混凝土密实度。

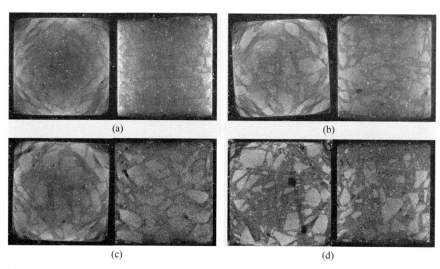

图 5-29　全回收 rGFRP 混凝土 CT 切片扫描图像
（a）不掺；（b）掺量 10％；（c）掺量 20％；（d）掺量 30％

（3）力学性能

从图 5-30 可以看出，混凝土养护 7d 和 28d 后，抗压强度随全回收 rGFRP 掺量的增加而下降，抗折和劈裂强度先增大后减小，当 rGFRP 替代量为 10％时，混凝土的综合力学性能最优，28d 的抗压、抗折和劈裂强度分别为 25.8MPa、4.25MPa 和 3.02MPa。当 rGFRP 掺量过大时混凝土力学强度下降的主要原因是 rGFRP 分散不均匀，形成薄弱区。

通过混凝土的压缩荷载-位移曲线可以看出，不同掺量 rGFRP 混凝土峰值荷载对应的位移基本一致，但曲线的下降速度随 rGFRP 掺量的增加而明显放缓，混凝土变形能力增加，如图 5-30（b）所示。相应的，rGFRP 掺量低于 20％时，混凝土的抗折荷载-位移曲线上升段斜率基本一致，如图 5-30（d）所示，当掺量增至 30％时上升段斜率明显变小。混凝土的劈裂荷载-位移曲线如图 5-30（f）所示，掺 30％rGFRP 混凝土峰值荷载对应的位移明显其他三组。

对混凝土受压、受弯和劈裂的荷载和位移曲线分析可以发现，由于 rGFRP 中纤维的

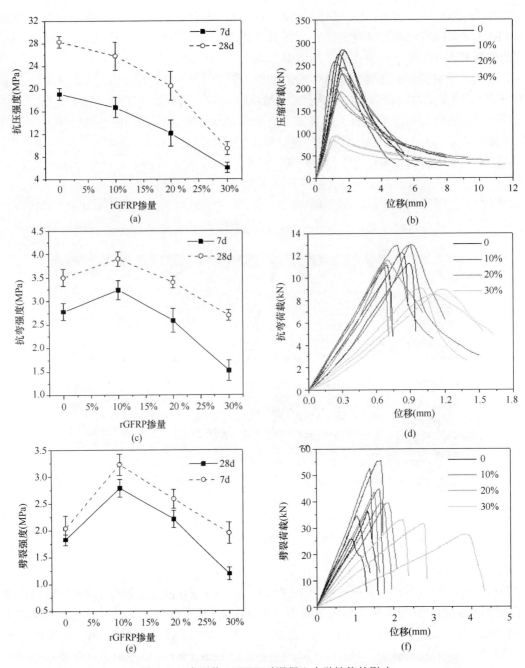

图 5-30　全回收 rGFRP 对混凝土力学性能的影响

存在，对混凝土的韧性有一定提升作用，但由于大掺量 rGFRP 混凝土的密实度不良，导致抗压强度出现大幅降低，因此提高 rGFRP 在混凝土中的分散性以及混凝土的密实性是大掺量 rGFRP 混凝土需要解决的首要问题。

（4）破坏形态分析

混凝土试件受压破坏后的照片如图 5-31（a）所示，素混凝土试件破坏时表现为裂缝条数较少，裂缝产生后迅速发展成为贯穿裂缝而发生破坏，呈现明显的脆性破坏。随着

rGFRP 掺量增加，混凝土的裂缝条数增多、裂缝宽度变细、表面破坏较严重，这说明 rGFRP 中的纤维在混凝土内部发挥了明显的桥接作用，rGFRP 在一定程度上改善了混凝土的破坏形态。

采用光学显微镜对混凝土抗折试验后的断面进行测试，结果如图 5-31（b）所示，随着 rGFRP 掺量增加，混凝土内部的孔隙明显增加。从图 5.31（c）可以看出，素混凝土试件在劈裂破坏过程中脆性极大，开裂后裂缝瞬间发展形成贯穿裂缝，劈开试件向两边崩出。随 rGFRP 掺量增加，混凝土试件破坏时更能保持整体性。可见，全回收 rGFRP 对混凝土起到了较好的抗拉效果。

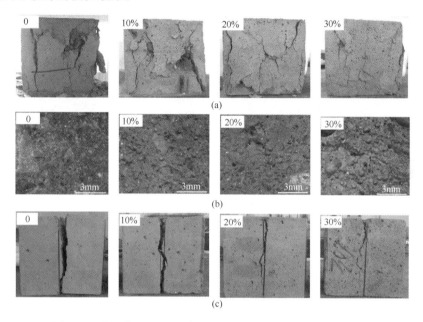

图 5-31　全回收 rGFRP 混凝土抗压、抗弯和劈裂试验破坏形态
（a）受压破坏；（b）抗折试验破坏；（c）劈裂破坏

分别选取破坏后试件的 1/3 处和 1/2 处进行 CT 分析（图 5-32），可以直观看出：素混凝土试件呈明显的锥形破坏，且切片图像中裂缝很多，表层混凝土破碎明显。然而，掺加 rGFRP 混凝土试件，破坏后试件完整性提高，裂缝宽度也逐渐减小。这说明混凝土试件变形能力增强，rGFRP 可以起到桥接阻裂作用，减小了应力集中，阻止裂缝迅速开展。

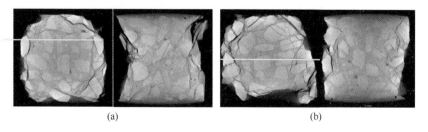

（a）　　　　　　　　　　　　（b）

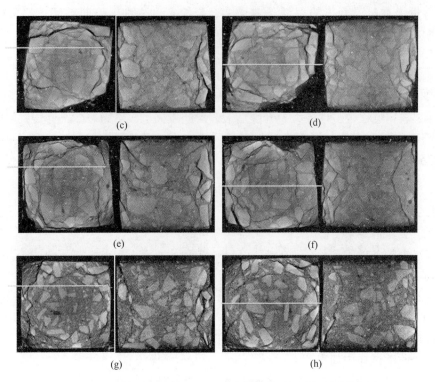

图 5-32 全回收 rGFRP 混凝土破坏后 CT 切片扫描图像

(a) 无纤维正面；(b) 无纤维侧面；

(c) 10％rGFRP 正面；(d) 10％rGFRP 侧面；(e) 20％rGFRP 正面；

(f) 20％rGFRP 侧面；(g) 30％rGFRP 正面；(h) 30％rGFRP 侧面

5.4 精细化分选回收玻璃钢纤维增强混凝土

5.4.1 原材料与试验方案

研究中采用 P·O 42.5 普通硅酸盐水泥、粉煤灰（相对密度 2.65、比表面积 513m²/kg、325 目筛通过率 78％）、硅灰（表观密度 2.2g/cm³、比表面积 18000m²/kg、90％粒径小于 20μm）、石英砂（平均粒径 315.2μm）和聚羧酸系高性能减水剂（含固量 40％、减水率 37％）。采用 5.1 节方法进行 rGFRP 纤维进行分选，水泥、硅灰和的三种纤维氧化物成分见表 5-11。

表 5-11 原材料化学成分表（质量分数,％）

成分	Na₂O	MgO	Al₂O₃	SiO₂	P₂O₅	CaO	Fe₂O₃	LOI
水泥	0.1	0.5	3.3	15.3	3.3	66.4	3.2	6.5
硅灰	0.8	0.9	0.8	85.7	0.7	1.5	3.9	4.1
GF1	0.9	4.7	4.6	8.9	0.4	53.5	14.7	—
GF2	0.7	4.4	6.0	4.7	7.3	65.0	4.0	—
GF3	0.5	0.5	4.7	10.2	—	66.9	0.8	—

注：LOI 是在 1000℃ 质量损失，rGFRP 纤维中的有机成分不能被 XRF 检测

采用质量分数为 5% 的精细化分选 rGFRP 纤维制备混凝土，并与两种耐碱纤维（AR1 和 AR2）增强混凝土、无纤维混凝土进行对比。

表 5-12　精细化分选 rGFRP 纤维增强混凝土配合比（单位：kg/m³）

组别	水泥	河砂	SF	GF1	GF2	GF3	AR1	AR2	SP	水
对照 2	750	833	83	—	—	—	—	—	4.2	333
GF1	750	833	83	42	—	—	—	—	4.2	333
GF2	750	833	83	—	42	—	—	—	4.2	333
GF3	750	833	83	—	—	42	—	—	4.2	333
AR1	750	833	83	—	—	—	42	—	4.2	333
AR2	750	833	83	—	—	—	—	42	4.2	333

注：SF 为硅灰；SP 为高效减水剂；GF 是再生玻璃钢纤维；AR 是耐碱玻璃纤维。

对标准养护条件下养护 28d 的混凝土进行无侧限抗压试验和三点弯曲试验，并根据图 5-18 和表 5-3 的方法计算韧性指数。制备 25mm×25mm×280mm 的棱柱时间进行干燥收缩测试。24h 后脱模，然后在室温（20±3）℃，湿度（50%±4%）[101] 条件下进行养护。根据 ASTM C490/C490M—2021《硬化水泥浆、砂浆和混凝土长度变化测定装置的使用标准实施规程》[102]，每 24h 测量一次试样的长度。

从干燥收缩试样中切出 25mm×25mm×50mm 试样，用 X 射线 CT 技术分析试件的孔隙率，选取无侧限抗压试验后的小块砂浆进行 SEM 表征，分析纤维与混凝土基体的相互作用。

5.4.2　精细化分选 rGFRP 纤维增强混凝土物理力学性能

（1）流动性和干缩性能

由图 5-33（a）可知，GF1、GF2 和 GF3 掺量为 5% 时，混凝土的扩展直径分别降低了 6.7%、2.4% 和 10.7%，这一发现与 Mastali 的研究结果一致，在自密实砂浆中掺入 20mm 回收 GFRP 纤维，当纤维含量高于 5.6% 时，砂浆流动性明显降低[86]。同样掺量的 20mm AR2 纤维（AR2）混凝土的流动性降低了 25.2%，原因是掺 AR2 导致砂浆在混合过程中出现明显的纤维团聚现象。

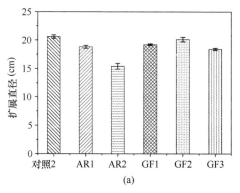

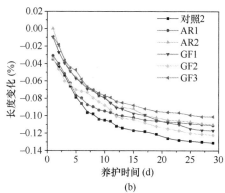

图 5-33　精细化分选 rGFRP 纤维混凝土性能
（a）流动性；（b）干燥收缩

如图 5-33（b）所示，掺入精细化分选 rGFRP 纤维后混凝土的干燥收缩减小。当 GF1、GF2 和 GF3 的质量分数为 5%（质量分数）时，砂浆 28 d 的干缩率分别为 0.12%、0.12% 和 0.10%，均低于对照组（0.13%）。去除纤维球后的精细分选 rGFRP 纤维不易使混凝土形成孔隙，因此干缩降低[17]。

（2）力学性能

如图 5-34（a）所示，与不掺纤维的相比，精细化分选 rGFRP 纤维混凝土的 7d、28d 抗压强度有不同程度的提高。由于 GF3 的接触角最小，它与混凝土基体形成了更高的粘结强度，从而对混凝土抗压强度的提高最显著，7d 和 28d 抗压强度分别为 28.4 MPa 和 47.3 MPa。另一方面，在 GF3 和 GF2 中存在的 CaO 也可以提高纤维-水泥基体的黏聚力[7]。

如图 5-34（b）所示，掺入 GF2、GF3、AR1 和 AR2 混凝土的抗弯强度显著提高，而添加 GF1 的混凝土有所降低。rGFRP 纤维尺寸不一致是造成其对混凝土影响不一致的原因之一。如研究发现，当纤维长宽比为 6～12 时，rGFRP 纤维砂浆 90d 抗弯强度提高了 35%。另外，由于 GF3 具有较高抗拉强度和弹性模量，它进一步提高了混凝土的抗弯强度。

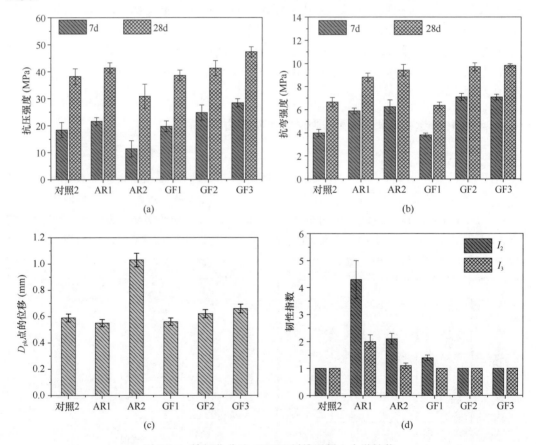

图 5-34　精细化分选 rGFRP 纤维混凝土力学性能
（a）抗压强度；（b）抗弯强度；（c）极限应力对应的跨中位移；（d）韧性指数

为说明纤维对砂浆延性的影响，我们计算了混凝土的峰值荷载对应位移（D_{pk}）和韧性指数，分别如图 5-34（c）和（d）所示。AR2、GF2 和 GF3 的加入使试样 D_{pk} 分别提高了 74.6%、5.1% 和 11.9%。AR1 和 AR2 砂浆的韧性指标均高于其他试样组，这表明耐碱玻璃纤维混凝土的延性优于 rGFRP 纤维混凝土，这主要是由于 rGFRP 纤维的长宽比较低（长宽比为 1～2 的纤维占 30% 以上）[92]。

这些试验结果表明，精细化分选 rGFRP 纤维的尺寸对混凝土力学性能有决定性影响。纤维过短对混凝土力学性能的影响较小，而长宽比过高则不利于抗压强度的提高。结果表明，长度 6～20mm，长/宽比≥6 的 rGFRP 纤维对混凝土力学性能改善最显著，而胶砂比的增加和硅灰的加入也有助于降低混凝土孔隙率，提高纤维分散性[103,104]，增强 rGFRP 纤维混凝土力学性能。

将本研究的抗压、抗弯试验结果与前人研究结果进行对比，如图 5-35 所示。Mastali[94] 的研究表明，砂浆抗压和抗弯强度随着 rGFRP 纤维掺量提高均增加；而 García[93] 的研究表明，只有纤维含量低时强度才会提高；Rodin[100] 的研究中，砂浆抗压强度随着 rGFRP 纤维掺量增加而降低。在本研究中，精细化分选 rGFRP 纤维对混凝土的抗压强度和抗弯强度都有提高作用，结果与较长 rGFRP 纤维（20mm）结果相似[94]。由此可见，rGFRP 纤维精细化分选后作为混凝土增强材料的可行性和有效性明显提高。

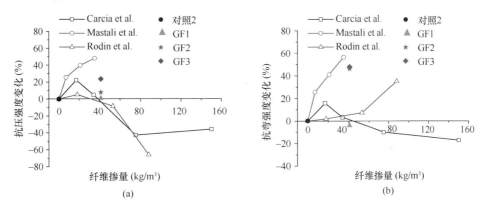

图 5-35　再生玻璃钢纤维砂浆
（a）抗压强度和（b）抗弯强度对比

5.4.3　精细化分选 rGFRP 纤维对混凝土增强机理

（1）孔隙分析

在每个样品的纵向和横向以相同的间隔选取 4 个剖面，如图 5-36（a）所示，每个样品在不同截面上的孔径分布较为均匀，无纤维、掺 GF1 和 GF3 混凝土中的孔隙直径大致相同，但掺 AR2 试样中形成了大量的大孔隙，而在 AR1 和 GF2 混凝土主要是分散均匀的小孔隙。

基于图 5-36（a）中的二维图像、计算每个样本的总孔隙体积分数，总孔容的大小依次是 AR2＞对照 2＞GF3＞GF1＞AR1＞GF2，如图 5-36（b）所示。显然 AR2 混凝土总孔隙最大，主要是它的低流动性造成的。AR1、GF1 和 GF2 的总孔隙比素混凝土总孔隙小，与这些试样的力学性能得到增强、干燥收缩率降低一致。掺加 GF3 混凝土总孔隙略高于不掺纤维混凝土，但其干缩率最低，抗压强度和抗弯强度最高，这可能是由于GF3 的高亲水性提高了混凝土的孔隙率和纤维-混凝土的粘结强度[77]。

基于孔隙直径将混凝土内部孔隙分为小于 0.5mm 和大于 0.5mm 两组，每个试样的孔隙占比如图 5-36（c）所示。所有试样中小于 0.5mm 孔径的孔占主要地位，同时掺入纤维增大了大于 0.5mm 孔径孔的占比。因为 GF1 中短纤维和树脂颗粒含量较高，掺入 GF1 混凝土中大于 0.5mm 孔径的孔比其他纤维混凝土更多。值得指出的是，GF3 混凝土中大于 0.5mm 孔径孔的占比低于 GF1 和 GF2 组，这可能是其抗压强度高的另一个原因，因为大孔隙不利于胶凝材料的抗压强度[105]。

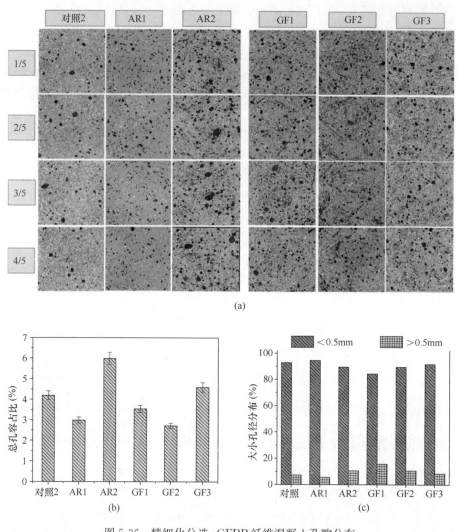

图 5-36　精细化分选 rGFRP 纤维混凝土孔隙分布
（a）CT 切片图；（b）总孔隙；（c）孔隙分布

由于大于 0.5mm 对混凝土力学性能影响较大，而大于 1.7mm 的孔占比极小，进一步分析了 0.5~1.7mm 范围内孔隙的分布，如图 5-37 所示。对于所有样品，孔隙出现的频率普遍随孔径的增大而减小，大部分孔隙的直径在 0.5~0.7mm 之间。AR1 和 GF2 混

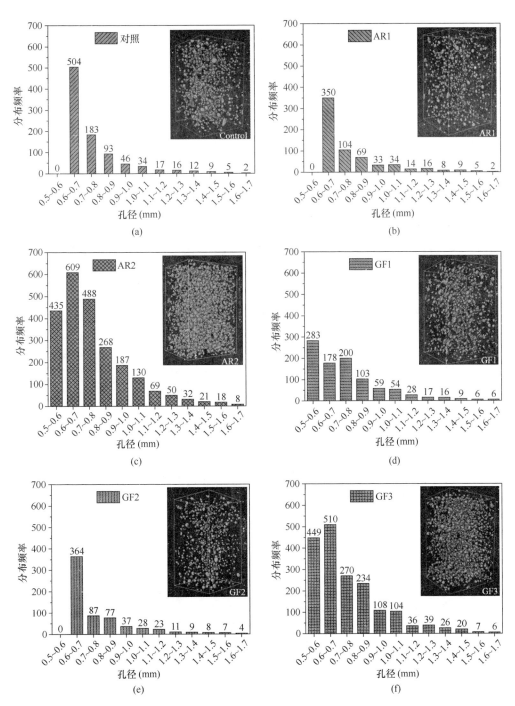

图 5-37 精细化分选 rGFRP 纤维混凝土中 0.5～1.7mm 孔的分布
（a）无纤维；（b）AR1；（c）AR2；（d）GF1；（e）GF2；（f）GF3

凝土的孔径分布与无纤维（对照）组最为接近。AR2 和 GF3 混凝土在 0.5～1.7mm 范围内孔隙较其他组多，是因为细纤维增加了亚毫米孔的形成，而 GF3 是三种 rGFRP 纤维中最细的纤维[106,107]，但是 GF3 对混凝土抗弯强度提高是最显著的，说明其对混凝土力学性能的提升胜过有害孔劣化作用。

（2）微观分析

图 5-38 比较了三种 rGFRP 纤维混凝土的微观结构。由于 rGFRP 纤维表面粘结树脂且多以短束存在，降低了混凝土密实性。如图 5-39 所示：（1）AR1 和 AR2 混凝土中存在明显的耐碱玻璃纤维从砂浆基体中拔出后留下的凹槽；（2）水泥砂浆基体破坏时产生的微裂纹贯穿耐碱玻璃纤维，而 GF1、GF3 则表现为纤维断裂破坏。这些现象说明 rGFRP 纤维比耐碱纤维与水泥粘结性更强，可能是因为 rGFRP 纤维表面存在 CaO、Al_2O_3 和 SiO_2，为 C-S-H 凝胶提供了成核点，但主要原因是 rGFRP 纤维表面粗糙，增加了其从混凝土基体中滑出的难度。

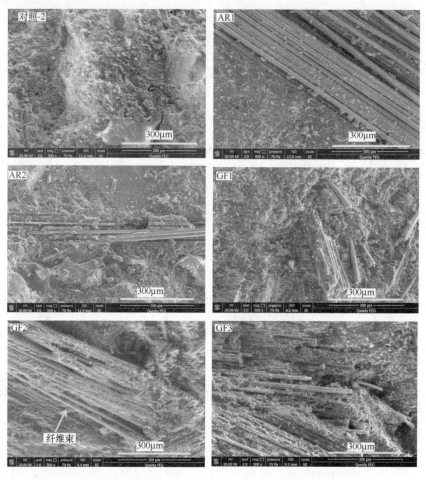

图 5-38　精细化分选 rGFRP 纤维混凝土微观结构

rGFRP 纤维表面树脂造成的不规则表面增加了纤维与胶凝基质之间的粘结力，从而提高了混凝土的抗弯强度[108]。rGFRP 纤维与水泥过高的粘结性和 rGFRP 纤维的高脆性也导致 GF1、GF2 和 GF3 混凝土韧性低的原因。因此，提高 rGFRP 纤维的均匀性、长度和长径比以及调节纤维-水泥相互作用，对改善纤维的分散性，进而提高混凝土力学性能至关重要。

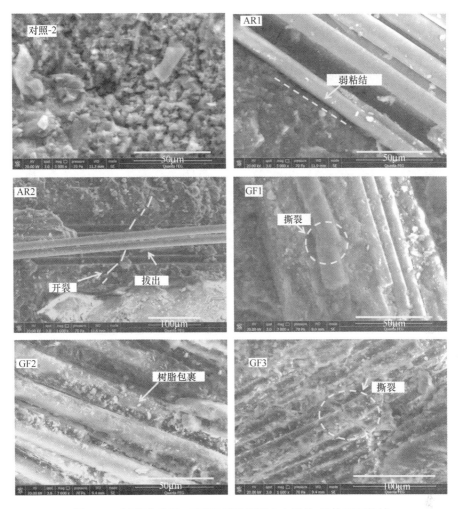

图 5-39 精细化分选 rGFRP 纤维混凝土中纤维-基体界面粘结

5.5 化学预分散回收玻璃钢纤维增强混凝土

通过以上研究发现 rGFRP 纤维的分散性是影响混凝土性能的关键因素，但是由于尺寸混杂、不同粗细的纤维刚度有所区别、粉末难以去除完全等不利因素，rGFRP 纤维团聚现象较为严重。为解决这个问题，我们研发了阴离子分散剂和分散技术，在本节进行介绍。

5.5.1 回收玻璃钢纤维分散方法与机理

1. 原材料

本研究使用的 rGFRP 纤维分别回收自化学容器盖（GF1）、废旧电缆箱（GF2）和退役的风力机叶片（GF3），由于玻璃钢是以树脂和玻璃纤维层层交替铺贴而成，每片 rGFRP 纤维都是由纤维和树脂组成的。将回收料筛分后得到长度为 10～30mm、宽度为 0.60～

4.75mm rGFRP 纤维[97]，如图 5-40 所示，其化学成分、密度和吸水率如表 5-13 所示。从纤维外貌中看出 GF1、GF2 纤维相互缠绕，呈明显"纤维球"状。

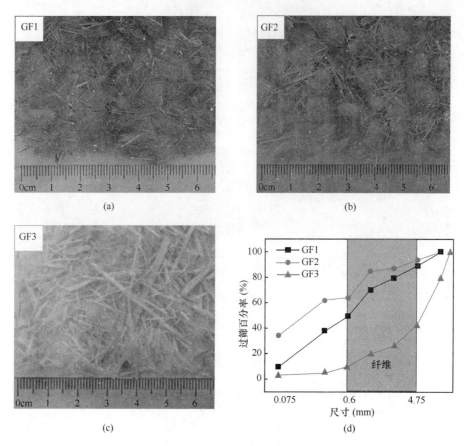

图 5-40　rGFRP 纤维形貌及尺寸级配

（a）GF1；（b）GF2；（c）GF3 形貌；（d）纤维尺寸级配

表 5-13　原材料化学成分和物理性质

原材料		水泥	硅灰	GF1 纤维	GF2 纤维	GF3 纤维
化学成分 （质量分数，%）	SiO$_2$	21.30	95.20	47.00	23.40	48.40
	Al$_2$O$_3$	6.14	0.92	7.24	5.89	11.10
	Fe$_2$O$_3$	4.39	0.13	4.87	0.83	5.53
	MgO	1.94	0.40	3.15	6.75	2.00
	CaO	64.60	1.50	30.70	59.90	29.80
	Na$_2$O	—	0.19	3.91	0.28	0.38
物理性质	密度（g/cm^3）			1.16±0.01	1.50±0.13	2.03±0.09
	吸水率（质量分数，%）			245.60	147.00	123.20

通过对 5g 纤维的二值图像分析，测量并计算了纤维的长细比（l/w）和投影面积分布，如图 5-41 所示。GF2 纤维在小尺寸占有较大比例，GF3 纤维在大尺寸占有较大比例，

超过 GF1 和 GF2 纤维，而 GF1 纤维的碎片化纤维最多。

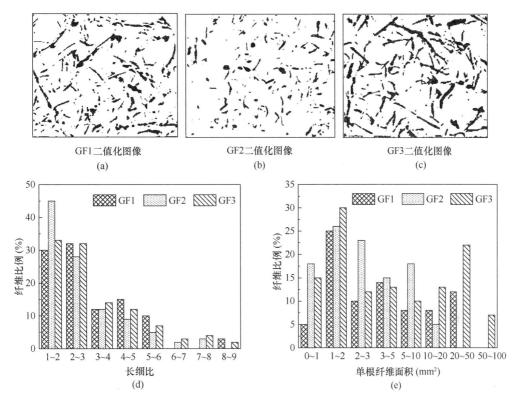

GF1二值化图像
(a)

GF2二值化图像
(b)

GF3二值化图像
(c)

图 5-41 GF1、GF2 和 GF3 纤维

（a）GF1；（b）GF2；（c）GF3 纤维图像处理；（d）长细比；（e）单根纤维面积

化学分散试剂根据分散机理分为两种：（1）非离子型分散剂，常见的有甲基纤维素、羟丙基甲基纤维素等；（2）离子型分散剂，常见的有六偏磷酸钠、焦磷酸钾等。通常情况下非离子型分散剂使溶液黏度增加，溶液变稠，限制了纤维的运动，让本身团絮状的 rG-FRP 纤维更加难以分散，非离子型分散剂不适合作为本纤维的分散剂；而离子型分散剂通过增加纤维表面负电荷，增加纤维间的斥力，提高纤维表面润湿性能，促进纤维分散。

本研究选择常用离子型分散剂六偏磷酸钠（SHMP），纯度 99％，室温下将分散剂 SHMP 溶于自来水中，手工搅拌 5 min 充分溶解。从 rGFRP 纤维化学成分得知，rGFRP 纤维的主要成分是二氧化硅，当纤维遇水时，二氧化硅吸附水中氢离子，使水发生极化，负电端朝向纤维外部，正电端朝向纤维内部，这种极化使纤维产生负电电荷，纤维表面带负电。但是这种电荷会产生静电效应，使纤维相互聚集不易分开[109]，图 5-42 是负电性纤维形成示意图。

2. rGFRP 纤维分散性能及机理

采用三种方法进行纤维分散性分析，分析 Zeta 电位、水中的分散性和水泥净浆的分散性。

（1）Zeta 电位

固液体系中溶液的一部分离子吸附在固体表面，可以看成是固体表面的一层，称为斯

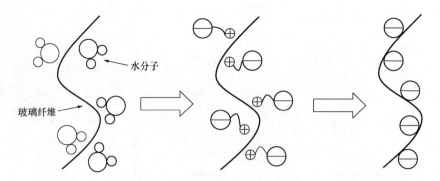

图 5-42　负电性纤维形成示意图

特恩层[110]；远离斯特恩层以外至溶液本体（即电势为 0）为扩散层，斯特恩层和扩散层之间界面称为相对滑动面。当固液两相发生相对移动时，相对滑动面与溶液本体之间形成电位差，被定义为 Zeta 电位。Zeta 电位测试是目前应用最广泛的电荷测试技术之一。理论上，Zeta 电位绝对值越大，纤维之间的斥力越大，纤维越容易分散[5]。

由于 Zeta 电位仪的使用条件限制，只能测试溶液中粉末的电位。筛分粒径为 0.075～0.15mm 的 rGFRP 粉末，分别在水溶液、1% SHMP 溶液和 2% SHMP 溶液中加入 2.25g rGFRP 粉末，搅拌均匀，静置 6h 使离子吸附在纤维表面，采用 Zeta 电位分析仪测试 Zeta 电位，评价纤维悬浮液的分散均匀性。

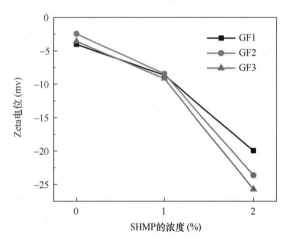

图 5-43　rGFRP 纤维在不同浓度 SHMP 溶液中的 Zeta 电位

根据 Zeta 电位试验中 SHMP 浓度为 0% 的结果，rGFRP 纤维表面带负电荷，如图 5-43 所示。加入分散剂后纤维悬浮液的 Zeta 电位仍为负值，且 Zeta 电位随 SHMP 浓度的增加而降低，说明浆料中纤维之间的静电斥力增大，相互排斥分开而分散更加均匀。这主要是由 SHMP 表面吸附作用导致的，SHMP 属于强碱弱酸盐，在水溶液中基本结构单元是磷酸根离子（PO_4^{3-}），相互连接成螺旋状的长链，吸附在纤维表面增强亲水性，显著提高纤维表面负电位，增大纤维之间的斥力[106]。

（2）水中分散性

纤维在水和溶液中的沉降高度是指悬浮在液体中纤维顶部至底部高度的最大值，数值越大，纤维之间间距越大，纤维分散越好，反之纤维聚集分散性差。本试验通过测试 rGFRP 纤维在水中和 1% 浓度的 SHMP 溶液中的沉降高度来表征纤维分散性，将 400mL 水和 400mL 浓度为 1% 的 SHMP 溶液倒入 500mL 烧杯中，在两个烧杯中分别加入 45g GF1、GF2 和 GF3 纤维。每隔 0.5h 读取两种溶液中纤维沉降高度，绘制纤维沉降高度随沉降时间变化曲线，定性反映绝大多数纤维在水溶液中的分散性。

如图 5-44（a）～（b）所示，GF1 和 GF2 分别约有 39.2% 和 44.1% 的纤维球漂浮在

水面，而图 5-44（c）中 GF3 纤维几乎全部沉入水底。与未处理的纤维相比，经 SHMP 溶液处理后，纤维的单丝束数量增加，浮在液体表面的团簇数量减少。图 5-44（d）为纤维沉降高度随分散浸泡时间的变化，在水和 SHMP 溶液中 3 种纤维的沉降高度随时间延长而增加，前期 0~3h 沉降高度持续增长，纤维间斥力可使绝大多数团簇状纤维分散开；3~4h 沉降高度趋于稳定，存在极少数团簇状纤维漂浮在溶液表面。

在水中纤维仅依靠吸水增加密度靠重力沉降，堆积到烧杯底部，团簇状纤维受到的浮力大于重力，因此保持原状无法沉降；在 SHMP 溶液中纤维除了靠密度沉降，吸附在团簇状纤维表面的 SHMP 增大了斥力，使团簇状分散成单丝状，相同时间内纤维在 SHMP 溶液中的沉降高度比在水中高。需要指出的是，纤维沉降高度稳定后，溶液表面团簇状纤维可能是无法单纯依靠电荷斥力实现全部分散，需要进一步结合机械分散、超声振荡等方式提高分散率。

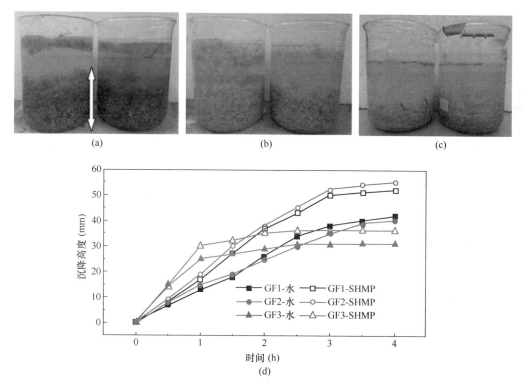

图 5-44　纤维沉降高度及与时间关系
（a）GF1；（b）GF2；（c）GF3；（d）沉降高度-时间关系

（3）水泥净浆中分散性

为了评价 rGFRP 纤维在水泥基材料中的分散性、减小细骨料的影响，本研究采用水泥净浆拌和 rGFRP 纤维测试分散性。采用 P·O 42.5 水泥和细度为 1000 目、纯度为 99.2% 的硅灰（SF）制备水泥净浆，原材料成分列于表 5-13。

水泥：硅灰：水质量比例为 0.9：0.1：0.4 制备水泥净浆，rGFRP 质量为水泥和硅灰总质量的 4.5%。直接拌制纤维的为未处理组，如表 5-13 所示，另设计两种不同分散方法对 rGFRP 预分散，改善纤维分散性，具体过程如下：

① 方法 1

第一步，将水泥、硅灰、纤维搅拌均匀。第二步，将预先准备的 SHMP 溶液加入混合物中，搅拌 2 min，制备纤维净浆。

② 方法 2

第一步，将纤维加入预先准备的 SHMP 溶液中，搅拌 5 min 使纤维完全浸没。然后纤维静置 6h 进行预分散处理。第二步，将第一步制备的液体分散体系倒入水泥、硅灰的混合物中，再混合 1 min。迅速搅拌混合物 2min，制备纤维净浆。

本试验旨在对比不同处理方法对三种纤维的分散效果，评价分散处理方法的效率，采用水洗法比较纤维分散性[111]，试验配合比如表 5-14 所示。

表 5-14　水洗法试验配合比

试验组别		水泥（g）	硅灰（g）	水（g）	六偏磷酸钠（%）	纤维（%）
未处理	GF1	900	100	400	—	4.5
	GF2				—	
	GF3				—	
方法 1	GF1	900	100	400	1	4.5
	GF2					
	GF3					
方法 2	GF1	900	100	400	1	4.5
	GF2					
	GF3					

将新拌净浆浇注在可拆卸胶砂抗折模具中，静置 0.5～1h 待浆体基本成型后将两个尺寸为 40mm×40mm×160mm 的新拌纤维水泥净浆切割成 8 块 40mm×40mm×40mm 的试样，依次用水浸泡清洗，经 0.3mm、0.6mm 和 1.18mm 细筛过滤水泥浆体，直至纤维表面没有水泥，对纤维进行干燥称重，具体流程图如图 5-45 所示。

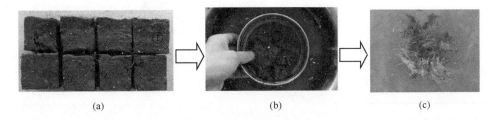

(a)　　　　　　　　　　　　(b)　　　　　　　　　　　　(c)

图 5-45　水洗法分离纤维流程图

根据公式（5.1）计算 8 组纤维的质量变异系数 θ，变异系数反映各样本中纤维质量和平均质量之间的偏差来表示纤维的分散程度，是描述纤维分布均匀程度的最直观指标，变异系数越接近于 0，说明纤维分散性越好；变异系数越大，纤维分散越不均匀。

$$\theta = \sqrt{\frac{\sum_{i=1}^{n}(x_i - \overline{x})^2}{n-1}} \times 100\% \tag{5.1}$$

式中：θ 为质量变异系数；x_i 为第 i 次试验中筛分得到的纤维质量；x 表示试验后得到的纤维平均质量；n 取 8。

如图 5-46 所示，三种纤维未进行处理时，变异系数最大，这是因为相互缠绕的团簇状纤维在拌和过程中分散不均匀。加入 SHMP 溶液后，GF1、GF2 和 GF3 纤维的变异系数整体呈现下降趋势，说明纤维在新拌水泥净浆中分散性有所提高。相比之下方法 2 对提高分散性更加显著，这是由于在浸泡过程中，纤维充分吸附 SHMP，实现预先分散。在方法 1 中，部分磷酸根离子可能与水泥浆体中的钙离子亲和，吸附能力降低。

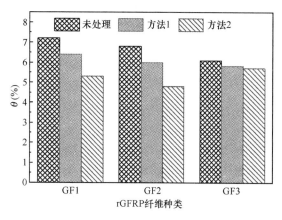

图 5-46 GF1、GF2 和 GF3 纤维的变异系数 (θ)

需要注意的是，GF3 纤维分散效果不如 GF1 和 GF2 明显，主要是因为 GF3 团聚问题不显著，因此变异系数变化不明显。试验结果和纤维在水溶液中分散性结果一致，SHMP 对 rGFRP 纤维具有良好的分散作用，尤其是表面玻璃纤维占比较大的纤维作用更加显著；预先浸泡（方法 2），促进 SHMP 充分吸收，分散效果更好，但是直接混合（方法 1）的过程更加简单。

（4）SHMP 对水泥水化的影响

由于 SHMP 对水泥颗粒具有分散作用，可能会影响水化，微量热仪测试不同浓度 SHMP 掺入的水泥浆体反应热，确定 SHMP 对水泥水化速率的影响，测试样品配比如表 5-15 所示。

表 5-15 水化热试验配比

SHMP 浓度	水泥（g）	硅灰（g）	水（g）
0	1.493	0.166	0.664
1%	1.491	0.166	0.663
2%	1.489	0.165	0.662
3%	1.487	0.165	0.661

第 4 章已介绍了标准水泥水化放热速率曲线（图 4-34）。我们计算了水化热曲线上五个阶段的特征值：t_a，为诱导期的时长；$(dQ/dt)_a$，诱导期缓慢水化的放热速率；Q_a，加速期开始时的总放热量；k_{a-b}，放热曲线 a-b 段之间的切线斜率，反映了水化加速初期水化速率的变化率，与水化加速初期成核速率密切相关；$(dQ/dt)_c$ 代表最大水化放热速率；Q_{a-c} 为水化加速期到最大水化速率时刻的总放热量。

不同浓度 SHMP 的水化热测量结果如图 5-47 所示，SHMP 延长了水泥水化诱导期，且随浓度增加时间延长。

如表 5-16 所示，掺 SHMP 水泥水化的诱导时间 t_a 顺序为 0%SHMP< 1%SHMP< 2%SHMP< 3%SHMP，诱导期水泥水化热 Q_a 由大到小依次为 3%SHMP> 2%SHMP>

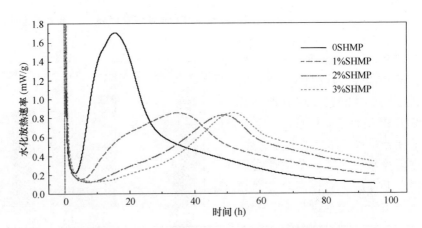

图 5-47 六偏磷酸钠对水泥水化热的影响

1%SHMP> 0%SHMP，说明 SHMP 抑制了水泥溶解[111]。诱导期放热速率（dQ/dt）$_a$随 SHMP 浓度增加而降低，这主要是由 SHMP 通过络合作用在水泥表面形成络合物，降低了诱导期的溶解速率[112,113]。

表 5-16 六偏磷酸钠对水泥水化热参数的影响

SHMP 浓度	t_a (h)	$(dQ/dt)_a$ (mW/g^{-1})	Q_a (J/g)	$K_{a\sim b}$ $[mW/(g \cdot h)]$	$(dQ/dt)_c$ (mW/g)	$Q_{a\sim c}$ (J/g)
0	2.58	0.23	2.83	0.17	1.70	13.70
1%	3.46	0.16	2.95	0.03	0.85	17.77
2%	8.97	0.14	3.93	0.02	0.83	17.91
3%	9.16	0.13	4.76	0.01	0.85	17.26

水化热试验证明 SHMP 对水泥水化有抑制作用，混凝土中分散剂掺量不宜过高。根据 Zeta 电位、沉降高度和水洗法试验，1%浓度的 SHMP 可以明显改善 rGFRP 纤维的分散性，因此在下述试验中采用 1%的 SHMP 溶液进行纤维分散。

5.5.2　预分散回收玻璃钢纤维增强混凝土

1. 预分散 rGFRP 增强混凝土的制备

水泥∶硅灰∶水∶砂质量比例为 0.9∶0.1∶0.4∶1 制备混凝土，所用水为自来水，河砂细度模数 2.56、密度 1480 kg/m³。采用水泥和硅灰总质量 4.5%、6.0% 和 7.5%的 rGFRP 纤维（GF1、GF2 和 GF3）制备混凝土[87]，以不掺纤维的混凝土为对照组，分为不掺 SHMP（OPC-1）和掺 1% SHMP 溶液（OPC-2）两组，配合比如表 5-17 所示。

对于未处理的 rGFRP 混凝土，首先将水泥和硅灰在旋转搅拌机中混合，缓慢搅拌 1min，再加入 rGFRP 纤维搅拌 1 min，然后加入砂子搅拌 1 min，得到均匀的混合料，并向混合料中加水缓慢搅拌 1 min，快速搅拌 2 min。混合后立即将新拌混凝土倒入模具中，覆膜养护至硬化后在标准养护室中养护。

表 5-17 预分散 rGFRP 纤维混凝土配合比

组别		水泥（g）	硅灰（g）	砂（g）	水（g）	六偏磷酸钠（%）	纤维（%）
空白组	OPC1	900	100	1000	400	—	—
	OPC2	900	100	1000	400	1	—
未处理	GF1					—	
	GF2	900	100	1000	400	—	4.5/6.0/7.5
	GF3					—	
方法 1	GF1						
	GF2	900	100	1000	400	1	4.5/6.0/7.5
	GF3						
方法 2	GF1						
	GF2	900	100	1000	400	1	4.5/6.0/7.5
	GF3						

利用 SHMP 预分散的 rGFRP 混凝土，按照 5.5.1 节中的两种预分散流程，加入砂制备，如图 5-48 所示。

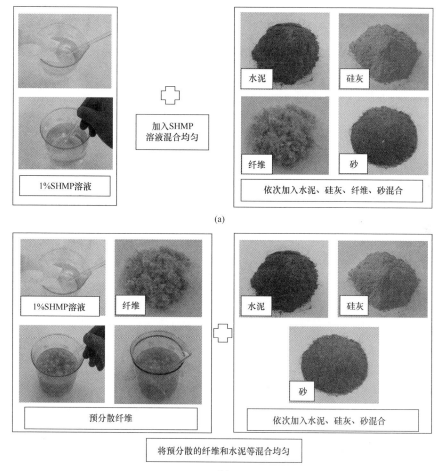

图 5-48 利用 SHMP 预分散的 rGFRP 混凝土流程

（a）方法 1 混合顺序；（b）方法 2 混合顺序

2. 预分散 rGFRP 纤维混凝土工作性能

为了研究不同预分散处理 rGFRP 纤维对混凝土工作性能的影响,采用跳桌试验和维卡仪试验分别测试新拌混凝土的流动扩展直径和初凝、终凝时间。

无论是否经过预处理,三种类型的 rGFRP 纤维混凝土扩展直径均随着纤维掺量的增加而减小,其中 GF3 纤维混凝土流动性最优,如图 5-49 所示。方法 1 混凝土扩展直径最大,而方法 2 扩展直径最小。

作为与细骨料相当的材料,rGFRP 纤维含量大、不易分散。未处理时,一部分水被团絮状纤维吸附到内部孔隙中,随着纤维掺量增加,内部自由水比例减少,混凝土流动性降低。GF1 和 GF2 纤维本身具有较高的团絮状纤维,吸收水分,降低了水灰比;而 GF3 纤维团絮状较少,表面覆盖大部分树脂具有疏水性,所以扩展直径高于前两种纤维[96]。

在方法 1 中,SHMP 作为分散剂同时对纤维和水泥颗粒均具有分散作用,破坏絮凝结构,改善浆体流动性,因此方法 1 处理混凝土扩展直径最大[114]。采用方法 2 对纤维进行预分散,增加了单根纤维与水的接触面积,水分子吸附在纤维表面,降低了混凝土流动性,同时纤维之间的桥联作用限制了新拌混凝土流动性,以上两个因素共同减小了混凝土扩展直径[115]。

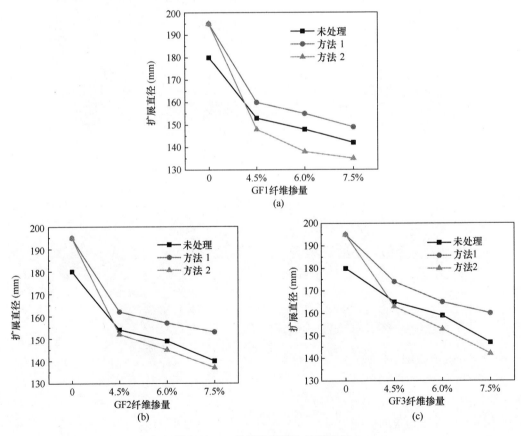

图 5-49　三种纤维混凝土扩展直径

（a）GF1 纤维混凝土；（b）GF2 纤维混凝土；（c）GF3 纤维混凝土

3 种 rGFRP 纤维在 4.5％（质量分数）掺量时的混凝土初凝和终凝时间如图 5-50 所示，OPC-1 和 OPC-2 的终凝时间分别是 6.5h 和 29h，说明 SHMP 对水泥有显著的缓凝作用。同样的，方法 1 和方法 2 预处理的 3 种纤维混凝土终凝时间均明显延长。当纤维未处理时，可以在一定程度上缩短混凝土凝结时间，因为团絮状纤维吸水存储在内部孔隙中，降低了实际的水灰比，降低了水泥颗粒之间的距离，容易形成骨架结构，并逐渐失去塑性，缩短了凝结时间[8]。

方法 1 中直接加入 SHMP 溶液后，磷酸根离子直接吸附并包裹在水泥颗粒表面，降低了水泥与水的接触面积，从而抑制了水泥水化，造成水泥砂浆延迟硬化[11]。在方法 2 中，3 种纤维的终凝时间比方法 1 分别缩短了 3.5h、3h 和 1.5h，因为团絮状的纤维采用方法 2 处理后，纤维在溶液中分散开且增加了亲水性，因为 GF1 和 GF2 纤维表面更加亲水，这两组凝结时间更短[116]。

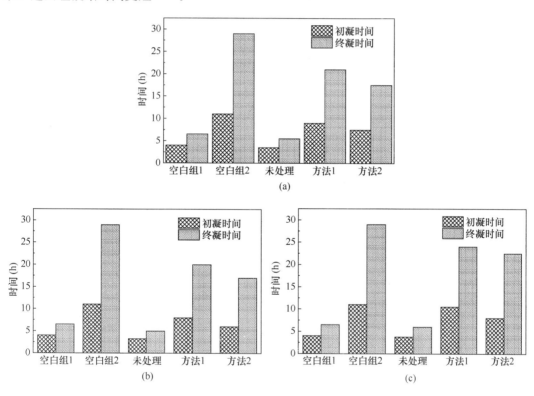

图 5-50　三种纤维混凝土凝结时间
（a）GF1 纤维混凝土；（b）GF2 纤维混凝土；（c）GF3 纤维混凝土

3. 预分散 rGFRP 纤维混凝土干缩性能

纤维分散的均匀性对混凝土干缩的抑制性能具有很大影响，对 rGFRP 纤维混凝土脱模（即养护 1d 后）到 28d 过程中的长度变化，计算收缩率。GF1、GF2 和 GF3 在不同掺量和不同处理方法制备的砂浆 28d 干缩率如图 5-51 所示。纤维未处理时，混凝土干缩由于掺入 rGFRP 纤维后有少量减小。当 GF1 和 GF2 掺量增至 7.5％，干缩率进一步增长。这是因为掺入少量纤维在基体内部分布相对均匀，可减小收缩；但随着纤维掺量增加，团絮状部分增加，无法均匀分布，导致多孔薄弱的界面区增加，从而降低其对混凝土干缩的抑制作用[17]。

当采用两种方法预分散 rGFRP 纤维后，干缩率均有不同程度的减小，方法 2 较方法 1 干缩更小，这是因为方法 2 中纤维分散更均匀，提高结构密实性，减少了多孔薄弱界面区域，抑制收缩作用更显著。另外，混凝土的干缩也受外加剂蒸发和物理化学性能引起的快速损失[190]，rGFRP 纤维可作为一种潜在的外加剂和表面增强剂减少混凝土干缩。

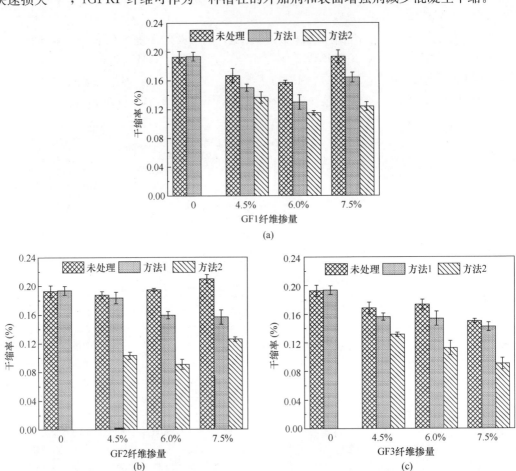

图 5-51　三种纤维混凝土干缩率
(a) GF1 纤维混凝土；(b) GF2 纤维混凝土；(c) GF3 纤维混凝土

4. 预分散 rGFRP 纤维混凝土力学性能

纤维的掺量和分散性对混凝土力学性能提高效果有巨大影响，为研究 SHMP 预分散对 rGFRP 纤维混凝土的影响规律，测试了 GF1、GF2 和 GF3 增强混凝土养护 28d 的抗压强度、抗弯强度和劈裂抗拉强度。

(1) 抗压强度

空白组 28d 抗压强度为 51.1MPa，不同掺量的 GF1、GF2 和 GF3 纤维砂浆 28d 抗压强度分别如图 5-52 (a)、(b) 和 (c) 所示。对于 GF1，未处理时，混凝土强度随 GF1 掺量增加而减小；经方法 1 处理后，混凝土强度比未处理组高，6.0% 掺量最高 (51.80MPa)；经方法 2 预处理后，混凝土强度随 GF1 掺量增加而增大，同时强度比方法

1 高 7.5％。

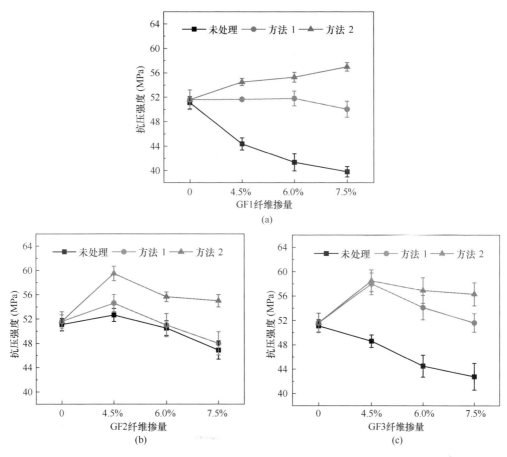

图 5-52 三种纤维混凝土抗压强度
（a）GF1 纤维混凝土；（b）GF2 纤维混凝土；（c）GF3 纤维混凝土

混凝土掺入未处理的 GF2 纤维时，强度随纤维掺量增加而降低；经方法 1 处理后，混凝土强度比未处理组略有提高、变化趋势相同；经方法 2 预分散后，混凝土强度比未处理组提高更显著。未处理 GF3 对混凝土抗压强度改变趋势与其他两种 rGFRP 纤维类似，但是经方法 1 和方法 2 处理后，混凝土强度先增大后减小，最高强度为掺入 4.5 ％（质量分数）GF3 的组别。

混凝土抗压强度随 rGFRP 纤维掺量增加先提高后降低，重要原因之一为较少的 rG-FRP 纤维提高混凝土密实性和强度，但随掺量增加纤维分散逐渐不均匀，压实不充分，应力集中区域和孔隙增加而降低混凝土强度。GF1 纤维密度最低，同等质量所包含的纤维数量最大，随掺量增加团簇状纤维数量也增加，在砂浆内部分散不均匀，压实不均匀，增加了孔隙，导致强度降低[118]。

两种 SHMP 分散方法对混凝土强度影响差别主要是因为：方法 1 中直接掺入 SHMP 溶液，磷酸根离子吸附在水泥表面，提高了流动度，部分团簇的纤维在拌和过程中分散开，提高了混凝土抗压强度。方法 2 中，纤维预先分散成单丝状纤维，在拌和过程中均匀分散在砂浆内部，降低了有害孔数量，提高密实性，进一步提高强度。GF1 和 GF2 中团簇多，因此两种方法差别较大。

综上所述，水泥基材料强度与所掺纤维的掺量和物理性质有关，掺入适量 rGFRP 纤维可以提高基体抗压强度，但加入过量的纤维导致应力分布不均匀，水泥的密实度降低，应力集中导致过早破坏，降低了抗压强度[119,120]。

（2）抗弯强度

不同掺量的 GF1、GF2 和 GF3 纤维混凝土 28d 抗折强度（抗弯强度）分别如图 5-53（a）、（b）和（c）所示。可以看出，GF1 和 GF2 纤维混凝土抗弯强度随纤维掺量及处理方法的变化规律与抗压强度基本相似。rGFRP 纤维掺量过高时，其中的纤维团簇在混凝土中分布不均，无法在受拉区承担拉力，降低了混凝土抗弯强度。未分散的 GF3 纤维掺量为 4.5 %（质量分数）时混凝土抗弯强度最高，经两种分散方法处理后，混凝土抗弯强度均随 GF3 掺量增加而提高，说明两种分散方法对 GF3 这种尺寸较大、本身亲水性差的纤维增强混凝土抗弯强度改善作用更明显。

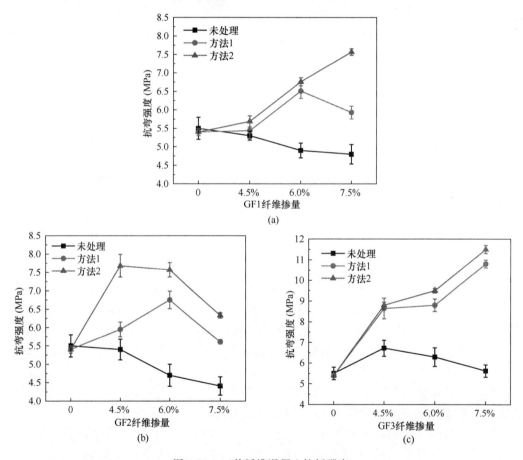

图 5-53　三种纤维混凝土抗折强度

（a）GF1 纤维混凝土；（b）GF2 纤维混凝土；（c）GF3 纤维混凝土

（3）劈裂抗拉强度

不同掺量的 GF1、GF2 和 GF3 纤维砂浆 28d 劈裂抗拉强度分别如图 5-54（a）、（b）和（c）所示。可以看出，rGFRP 纤维混凝土劈裂抗拉强度随纤维掺量及处理方法的变化规律与抗压强度基本相似。rGFRP 纤维掺量过高时，其中的纤维团簇在混凝土中分布不均，无法在受拉时承担拉力，降低了混凝土劈裂抗拉强度。

方法 1 中，直接掺入 SHMP 溶液改善了混凝土工作性能，提高抗弯强度和劈裂抗拉强度，但掺量过高时纤维包裹水泥含量相对减少，rGFRP 纤维与基体粘结性减弱，抗弯强度和劈裂抗拉强度反而下降。方法 2 中，rGFRP 纤维中大部分团簇经预分散后成单丝状，分布更加均匀，受到外部荷载时，受拉处的纤维通过粘结材料和骨料的挤压作用抵抗外荷载产生摩擦应力，提高抗弯强度和劈裂抗拉强度[121]。

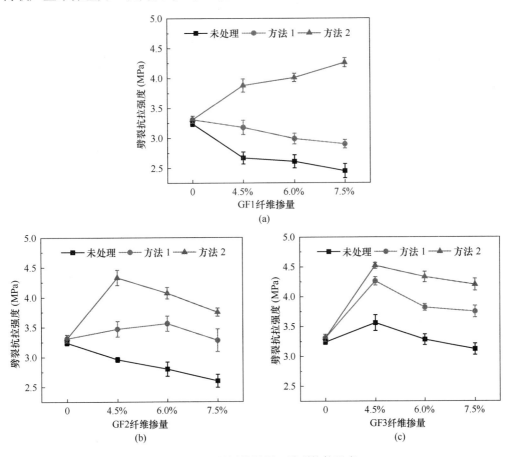

图 5-54　三种纤维混凝土劈裂抗拉强度
（a）GF1 纤维混凝土；（b）GF2 纤维混凝土；（c）GF3 纤维混凝土

5.5.3　化学预处理对 rGFRP 纤维分散性能影响规律

1. 预分散 rGFRP 纤维混凝土孔隙性质

纤维的分散性对混凝土的孔隙性质有重要影响，而孔隙性质与混凝土力学性能及耐久性有直接联系。因此，本书作者对不同预处理方法的 rGFRP 纤维增强混凝土孔隙性质进行压汞试验，分析孔隙体积和孔径分布[122]。

混凝土中孔隙按照孔径可分为凝胶孔（小于 $0.01\mu m$）、传递孔（$0.01\sim0.10\mu m$）、毛细孔（$0.10\sim0.30\mu m$）、大孔（大于 $0.3\mu m$）[122]。纤维在不同处理方法下的砂浆孔隙分布如图 5-55 所示，从孔径分布上看，未处理纤维组，砂浆中凝胶孔和传递孔减少，但毛细孔和大孔明显增多，证实了 rGFRP 纤维分散不均匀导致了大孔增加[121]。

经方法 1 和方法 2 的化学预分散后，rGFRP 纤维混凝土凝胶孔和传递孔增多，但毛细管和大孔明显减少；并且总孔容比未处理的有所减小，但方法 2 制备的纤维砂浆的总孔隙率最低。因为方法 2 将纤维预分散，绝大多数团絮状纤维分散成单丝状，更好地分布在砂浆中使结构更密实，孔隙较少。

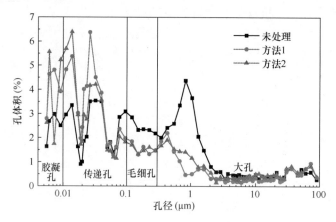

图 5-55　4.5%（质量分数）GFRP 纤维砂浆孔径分布

不同孔径对水泥的溶解性能和抗拉强度有不同的影响，大孔对砂浆抗压强度有负面影响，而小孔对砂浆抗压强度有正面影响[123,124]。因为大孔隙数量的增加影响了流动性，使纤维难以起到增韧抗裂的作用，从而降低了混凝土强度。相反，增加细小孔隙可以改善纤维在基体中的三维支撑功能，这也间接说明了方法 2 可以提高纤维混凝土的力学强度。

2. 预分散 rGFRP 纤维在混凝土中的分散性

（1）二维图像表征

本次试验利用数码显微镜对混凝土截面拍照提取图像，然后统计截面内部纤维数量，进行分析。由于混凝土中河砂和纤维混杂，为排除河砂影响增加的统计工作量，采用水泥净浆作为基体材料，试验配合比如表 5-18 所示。

表 5-18　用于显微图像表征的 rGFRP 纤维水泥浆配合比

组别		水泥（g）	硅灰（g）	水（g）	六偏磷酸钠（%）	纤维（%）
未处理	GF1				—	
	GF2	900	100	400	—	4.5
	GF3				—	
方法 1	GF1					
	GF2	900	100	400	1	4.5
	GF3					
方法 2	GF1					
	GF2	900	100	400	1	4.5
	GF3					

每组配比准备 3 个尺寸为 40mm×40mm×160mm 的净浆试件，放入标准养护室养护7d，然后将每个试件切割成 4 块尺寸为 40mm×40mm×40mm 的小试样，最后以浇筑面

为上面，从 20mm 位置处水平切开然后依次用 220 目砂纸和 600 目砂纸打磨上表面，中间截面和下表面至露出纤维，清理表面灰尘。

每个试件取 12 个截面如图 5-56（a）所示，使用数码显微镜表征水泥净浆截面，将图像放大 64 倍后得到二维图像，然后对图像进行锐化，增强模糊部分的细节表示。为了提高玻璃钢纤维识别的准确性，调整了图像的亮度和对比度，突出了纤维的特征，特别是玻璃钢纤维和浆体之间颜色的差异，优化后的图像如图 5-56（b）所示。然后通过人工识别、标记纤维。

统计每组配比 36 个截面的纤维数量，根据公式（5-2）计算各组纤维根数的变异系数，评价分散性。

$$\varphi = \sqrt{\frac{\sum\limits_{i=1}^{n}(y_i - \bar{y})^2}{n-1}} \times 100\% \tag{5-2}$$

式中：φ 为纤维根数变异系数，y_i 为第 i 个截面上的纤维根数，y 表示各组样本中所有截面上的纤维平均根数，n 取 36。

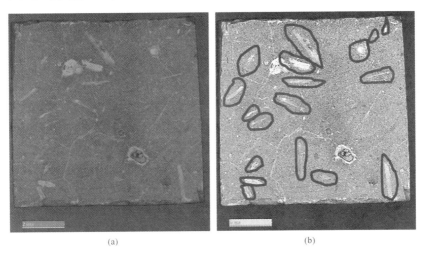

(a)　　　　　　　　　　　(b)

图 5-56　图像处理流程

（a）原始图像；（b）纤维标记

本试验共设计 9 组，每组试验取 36 个截面，总面积相同，为了评价截面上纤维的分散均匀性，每个截面中的纤维数量看作样本数据，所有截面中的纤维数量组成一个样本集合，样本集合的波动变化反映了分散性的相差程度。3 种纤维砂浆截面中的纤维根数分别如表 5-19、表 5-20 和表 5-21 所示。

三种纤维在各截面分布的变异系数见图 5-57，掺入分散剂后三种纤维数据的变异系数整体上呈现下降趋势，改善了纤维的分散性。与新拌净浆

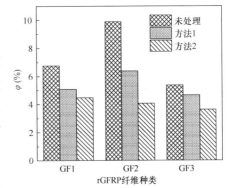

图 5-57　GF1、GF2 和 GF3 纤维
数量的变异系数（φ）

中 rGFRP 纤维分散性结果一致，经过方法 2 处理的纤维比方法 1 分散更均匀。由于 GF1 和 GF2 未处理时的结团问题更显著，因此经处理后的变异系数下降更多；GF3 中结团纤维较少，处理后分散变化相对不明显，变异系数存在小幅度降低。

表 5-19　GF1 纤维在不同处理方式下的各截面纤维数

处理试件		截面											
		1	2	3	4	5	6	7	8	9	10	11	12
未处理	1	10	11	18	32	26	17	10	10	11	17	19	17
	2	12	15	11	26	30	20	28	26	29	18	16	11
	3	9	13	21	7	10	15	20	22	18	10	12	15
方法 1	1	13	11	12	13	32	14	18	12	12	20	19	16
	2	19	11	12	17	10	16	19	18	10	10	17	16
	3	19	15	10	14	19	20	19	24	13	14	26	14
方法 2	1	28	18	20	16	24	17	20	14	19	20	19	27
	2	13	18	24	26	28	25	21	20	19	17	19	15
	3	25	26	27	26	20	21	28	29	26	28	20	23

表 5-20　GF2 纤维在不同处理方式下的各截面纤维数量

处理试件		截面											
		1	2	3	4	5	6	7	8	9	10	11	12
未处理	1	53	39	30	29	28	20	23	21	15	14	22	20
	2	42	28	44	24	49	26	17	20	40	28	17	27
	3	21	24	18	22	29	22	14	20	13	22	35	23
方法 1	1	23	23	27	26	40	32	28	29	24	20	28	39
	2	17	23	22	13	27	21	24	16	25	21	22	25
	3	23	22	26	17	16	19	18	14	14	12	20	17
方法 2	1	30	26	28	26	33	31	31	30	28	26	30	27
	2	24	26	28	31	28	25	26	29	20	24	34	23
	3	24	27	22	35	21	31	28	22	36	22	27	34

表 5-21　GF3 纤维在不同处理方式下的各截面纤维数量

处理试件		截面											
		1	2	3	4	5	6	7	8	9	10	11	12
未处理	1	32	11	15	20	27	16	22	23	18	15	20	33
	2	23	22	20	22	21	25	23	20	21	18	35	27
	3	30	32	22	20	27	20	28	25	28	25	23	25
方法 1	1	25	23	19	26	14	15	17	13	28	27	14	16
	2	15	20	30	22	18	17	18	17	18	16	26	18
	3	15	29	21	17	18	19	16	17	16	25	27	20
方法 2	1	28	20	24	24	23	26	23	24	19	21	21	28
	2	24	22	21	27	28	31	24	22	20	22	22	31
	3	20	27	20	28	27	26	22	28	32	22	23	31

结合每个截面的纤维根数，以纤维数量 5 根为组距，绘制直方图。GF1 纤维分布直方图如图 5-58（a）、（b）和（c）所示，当纤维未处理时，截面中的纤维根数集中在 10～20 根，截面数量占总截面的 63.89%；在方法 1 中，截面中的纤维根数集中在 10～20 根，截面数量占总截面的 86.11%；在方法 2 中，截面中的纤维根数集中在 15～30 根，截面数量占总截面的 94.44%。

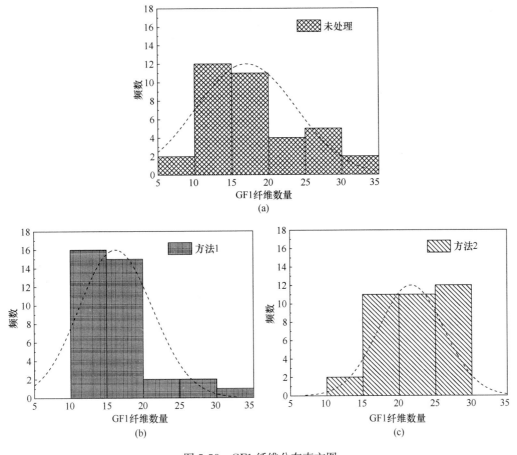

图 5-58   GF1 纤维分布直方图
(a) 未处理；(b) 方法 1；(c) 方法 2

GF2 纤维分布直方图如图 5-59（a）、（b）和（c）所示，当纤维未处理时，截面中的纤维根数集中在 15～30 根，截面数量占总截面的 69.44%；在方法 1 中，截面中的纤维根数集中在 10～30 根，截面数量占总截面的 80.55%；在方法 2 中，截面中的纤维根数集中在 20～35 根，截面数量占总截面的 94.44%。

GF3 纤维分布直方图如图 5-60（a）、（b）和（c）所示，当纤维未处理时，截面中的纤维根数集中在 20～30 根，截面数量占总截面的 69.44%；在方法 1 中，截面中的纤维根数集中在 15～20 根和 25～30 根，截面数量占总截面的 80.55%；在方法 2 中，截面中的纤维根数集中在 20～30 根，截面数量占总截面的 86.11%。

GF1 和 GF2 未经处理时，纤维分散不均匀，截面中的根数分布相对较广，不集中；经过方法 2 预分散处理后，团絮状纤维被解散，纤维分布相对均匀，截面中的纤维根数相对集中。在 3 种方法中，GF3 纤维根数集中的截面数量相差不大，主要是因为 GF3 纤维存在较少团絮状纤维，分散处理方法对改善纤维分散性的差别较小。

综合以上试验结果，掺入 SHMP 降低了截面中的纤维根数变异系数，纤维根数趋向集中，纤维根数过少和过多的截面数量减少，截面中纤维数量波动幅度减小，方法 2 根数的变异系数小于方法 1，说明 SHMP 预浸泡比直接掺入 SHMP 分散纤维效率高。

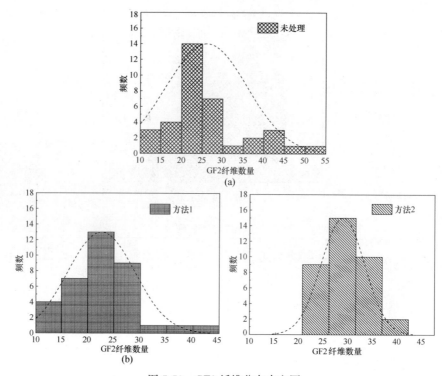

图 5-59　GF2 纤维分布直方图

（a）未处理；（b）方法 1；（c）方法 2

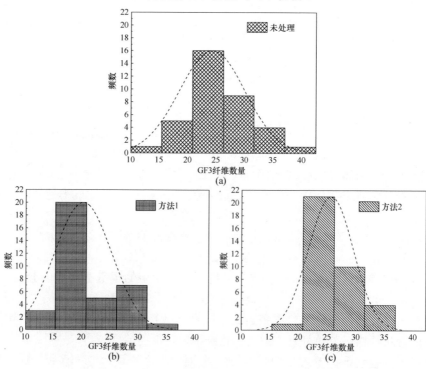

图 5-60　GF3 纤维分布直方图

（a）未处理；（b）方法 1；（c）方法 2

（3）三维 CT 表征

为了明确 rGFRP 纤维经预分散处理后在混凝土中的空间分布变化，利用 X 射线 CT 对试件进行分析，试验装置和扫描图片如图 5-61 所示。X 射线吸收系数与材料密度和 X 射线能级有关。理论上，同一材料在稳定能量下具有相同的 X 射线吸收能力。然而，在穿透过程中，X 射线能量趋于快速衰减，导致能量分布不均匀，灰度不同。因此不同密度的材料表现出不同的灰度值[123-126]。

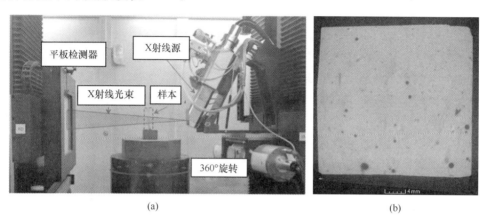

(a)   (b)

图 5-61   CT 扫描装置及图像
（a）装置布置；（b）二维图像

由于纤维和水泥净浆密度相接近，前期试验时，在 CT 扫描中纤维和基体灰度区分不显著，不能够明确区分纤维和水泥净浆，如图 5-61（b）所示，需要增加二者密度差，提高区分度。本研究设计混合具有吸附性 Fe_2O_3 粉末和 Fe_3O_4 粉末包裹在 rGFRP 纤维表面，增加纤维和基体的相对密度差，提高 CT 扫描灰度值进而提高清晰度，操作过程如图 5-62 所示：

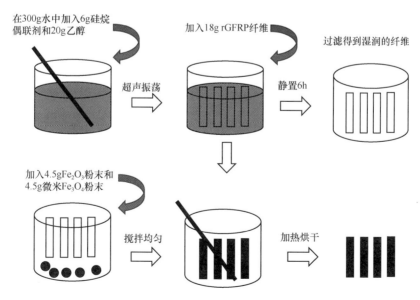

图 5-62   微米级 Fe_3O_4 粉末和 Fe_2O_3 粉末吸附 rGFRP 纤维过程

① 在 300g 水中依次加入 6g 硅烷偶联剂和 20g 乙醇。用超声波振动 10min，直到偶联剂完全溶解。

② 以具有较多团簇纤维的 GF2 纤维为代表，在上述溶液中加入 18g GF2 纤维，搅拌使纤维完全浸没，静置放置混合物 6h 增加纤维表面黏性，将溶液过滤得到润湿的纤维。

③ 将 4.5g 黑色 Fe_2O_3 粉末和 4.5g 微米级 Fe_3O_4 粉末混合，均匀地洒在润湿的纤维表面，搅拌均匀使纤维和粉末充分接触。将纤维放入温度为 80℃ 的烘箱中加热并干燥 6h。温度恢复到室温，得到带有 Fe2O3-Fe3O4 涂层的 rGFRP 纤维，铁粉涂层试验中乙醇、偶联剂和铁粉用量小，不会明显影响分散性。

本试验为了表征纤维在砂浆中的分散情况，采用 CT 扫描技术提取纤维图像[126-128]。为排除砂对灰度值的干扰，同样采用水泥净浆，采用带有 $Fe_2O_3 - Fe_3O_4$ 涂层的 rGFRP 纤维制备未处理、方法 1、方法 2 的三种水泥净浆，将纤维水泥净浆混合物倒入 25mm×25mm×280mm 的钢模中，放入温度为（20 ± 2）℃，相对湿度大于 60% 的养护室内。养护 7d 后，在试件中央切一块尺寸为 25mm×25mm×25mm 的小样品进行 CT 表征。

对 X 射线 CT 图像的识别是二维图像和三维模型进行灰度评价的基础。图像的灰度本质上反映了材料的密度[129]，图像中亮度较高的部分趋于白色，这说明材料的密度较大；相反图像中亮度较低的部分趋于黑色，这说明材料的密度较小。对于每一幅二维原始图像首先进行图像处理，这对于提高不同材料之间的区别至关重要。

使用软件 VG Studio 去除无效的灰度切片，增强纤维和水泥基体之间的灰度差异，如图 5-63（a）所示。以纤维为目标，通过形态学过程和低频滤波操作清除噪声点，用不同的颜色标记不同体积的纤维，如图 5-63（d）、（e）和（f）所示，清楚地表征浆体内部的纤维。最后，利用 VG Studio 软件对一个样本中所有处理过的二维图像进行重建，得到可视化三维模型[130]，如图 5-64（a）（b）（c）所示。

GF2 纤维含有大量团簇状纤维，当纤维未进行分散处理时，在浆体中拌和不均匀，图 5-64（a）中图像中呈深色大体积纤维；方法 1 中直接加入 SHMP 溶液，增加了浆体流动度，分散一小部分纤维，仍然存在团簇纤维，如图 5-64（b）所示，图像中呈深色大体积纤维和零散的浅色小体积纤维；方法 2 中纤维经过 SHMP 溶液预分散处理，团簇状纤维被分散成单丝状，在拌和过程中均匀分散在浆体中，图像中不同尺寸的纤维分布相对均匀。

为了定量表征纤维分散性，将三维图像从上至下平均分割成 25 个薄片，每个薄片厚度为 1mm，统计每一个薄片中纤维体积，根据公式（5-3）计算每个薄片中纤维占整个浆体纤维总体积的体积率，最后根据公式（5-4）计算 25 个薄片中纤维的体积率变异系数，评价纤维在水泥净浆内部的分散性。

$$\eta = \frac{z_i}{\sum\limits_{n=1}^{25} z_i} \times 100\% \tag{5-3}$$

式中：η 为纤维体积率；z_i 为第 i 个薄片中纤维体积；n 取 25。

$$\psi = \sqrt{\frac{\sum\limits_{i-1}^{n}(\eta_i - \overline{\eta})^2}{n-1}} 100\% \tag{5-4}$$

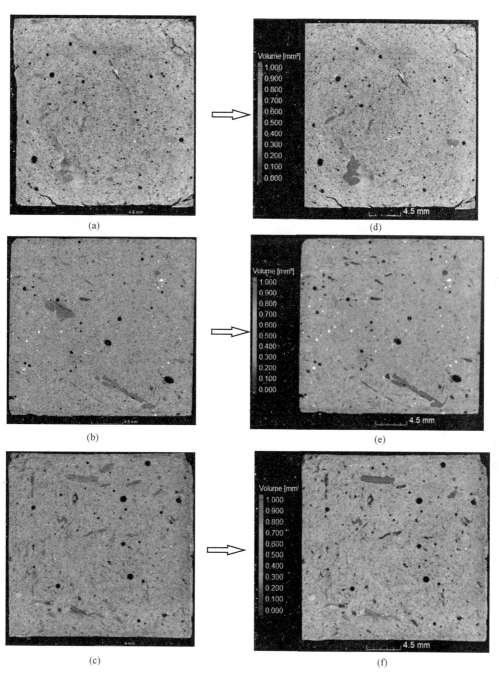

图 5-63　原始 CT 图像与标记纤维

（a）未处理图像；（b）方法 1 图像；（c）方法 2 图像 ；（d）未处理标记纤维；

（e）方法 1 标记纤维；（f）方法 2 标记纤维

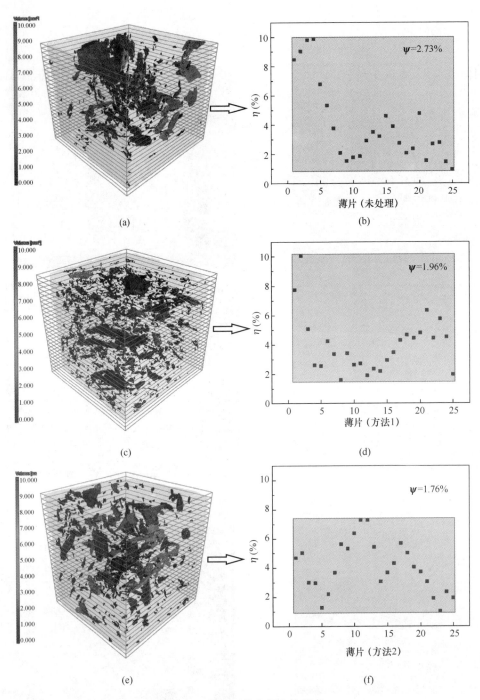

图 5-64　纤维三维空间和体积率

（a）未处理三维空间、（b）方法 1 三维空间；（c）方法 2 三维空间；
（d）未处理体积率；（e）方法 1 体积率；（f）方法 2 体积率

式中：ψ 为纤维体积率变异系数；η_i 为第 i 个薄片中的纤维体积率；η 为各组样本中所有薄片中的平均纤维体积率；n 取 25。

未处理、方法 1 和方法 2 的 rGFRP 纤维体积率分别如图 5-64（d）、（e）和（f）所示，纤维未处理组的体积变异系数最大为 2.73%，方法 1 组为 1.96%，方法 2 组的最小为 1.76%。方法 2 的纤维体积率在 1.0% 和 7.2% 范围内波动，和方法 1 比较，改善纤维在基体中的分散程度更显著。

依据本研究的试验结果得出一致结论：将 rGFRP 纤维进行 SHMP 溶液预浸泡可以明显改善纤维在水泥浆体中的分散性，比直接在混凝土中加入 SHMP 溶液分散效果更显著。同时，验证了 rGFRP 纤维均匀分散后，提高密实性抑制因水分流失产生的收缩，将 rGFRP 纤维进行 SHMP 溶液预浸泡可以使混凝土干缩率降到最低。更重要的，我们发现预分散处理的纤维在拌和过程中相对均匀地分散在混凝土内部，减少了应力集中区域，提高了纤维和基体的粘结力，受到外部荷载时，混凝土中均匀分散的纤维起到桥接作用发挥本身抗拉作用，提高混凝土强度。

5.6　3D 打印回收玻璃钢纤维增强混凝土

考虑到 rGFRP 纤维对混凝土显著的增强作用，利用废弃风机叶片回收的 rGFRP 纤维制备可 3D 打印混凝土，对 3D 打印混凝土进行增强增韧。

5.6.1　原材料与试验方案

制备回收风机叶片（rWTB）纤维增强 3D 打印水泥基材料的原材料包括：P·O 42.5 级普通硅酸盐水泥、硅灰、I 级低钙粉煤灰、石英砂和 PCA 聚羧酸系高性能减水剂。rWTB 纤维物理性质见表 5-22 和图 5-65（a），纤维的长度范围大概在 3～35 mm 之间，平均长度为 8.76 mm，宽度范围在 0.18～7.63 mm 之间，平均宽度为 0.66 mm，长宽比主要分布在 5～10 之间，化学性质见表 5-23 和图 5-66（b）～（c），纤维中主要成分含有 SiO_2、Al_2O_3 和 $CaCO_3$，树脂含量约为 30%。

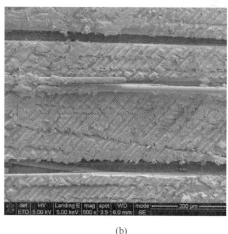

(a)　　　　　　　　　　(b)

图 5-65　rWTB 纤维几何形貌

（a）相机；（b）扫描电镜

表 5-22　rWTB 纤维的物理性质

| 宽度（mm） | | | 长度（mm） | | | 密度 | 吸水率 | 接触角 |
最大	最小	平均	最大	最小	平均	（g/cm³）	（%）	（°）
7.63	0.18	0.66	35.52	3.15	8.76	2.03	5.42	120.71

表 5-23　原材料化学成分组成（质量分数，%）

成分	Na₂O	MgO	Al₂O₃	SiO₂	ZnO	CaO	Fe₂O₃	烧失量
水泥	0.08	0.53	3.32	15.26	0.05	66.35	3.20	6.54
硅灰	0.19	0.40	0.82	95.2	0.01	1.52	0.01	4.14
飞灰	2.06	2.54	25.40	52.60	0.02	5.77	6.10	4.65
rWTB	0.38	2.00	11.10	48.40	0.03	29.80	5.53	2.52

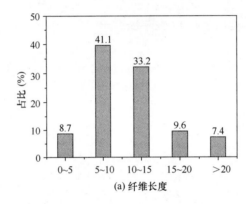

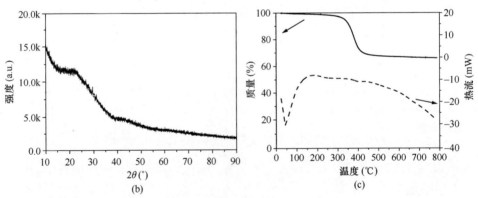

图 5-66　rWTB 纤维参数

（a）长宽比；（b）XRD 图谱；（c）热重曲线分析

　　试验采用的配合比见表 5-24，rWTB 纤维掺量为水泥质量的 3%、5% 和 7%，打印材料制备工艺如下：首先将配合比中所有干粉类材料（水泥、硅灰、粉煤灰和石英砂）加入搅拌机混合均匀，再将已均匀混合的全部减水剂和 50% 拌和用水在 10s 内均匀加入搅拌器搅拌 3min，然后将剩余 50% 拌和用水在 10s 内均匀加入搅拌器搅拌 3min，最后 rWTB 纤维在 10s 内均匀加入搅拌器至混合均匀，整个制备过程耗时约 12～15min。

表 5-24　rWTB 纤维增强 3D 打印水泥基材料配合比

混合物名称	水泥 （kg/m³）	硅灰 （kg/m³）	粉煤灰 （kg/m³）	硅砂 （kg/m³）	rWTB （kg/m³）	减水剂 （kg/m³）	水 （kg/m³）
对照组	700	100	200	1200	—	1	380
rWTB-3%	700	100	200	1200	21	1	380
rWTB-5%	700	100	200	1200	35	1	380
rWTB-7%	700	100	200	1200	49	1	380
rWTB-9%	700	100	200	1200	63	1	380

使用桌面式 3D 打印设备制作试件，该打印机的可打印范围为 $1.0m \times 0.6m \times 0.3m$，将水平打印平面定义为 X-Y 平面，X 轴与打印机的长度方向平行，Y 轴与打印机的宽度方向平行，跨层垂直方向定义为 Z 轴，如图 5-67（a）所示。

打印 $500mm \times 500mm \times 120mm$ 试块，如图 5-67（b）所示，用于评价 rWTB 纤维增强 3D 打印混凝土力学各向异性，进行无侧限抗压、三点抗弯、抗剪和单轴拉伸试验，利用相同配比制备浇筑试件进行对比，所有试样在标准条件养护 28d。

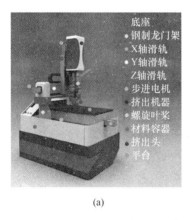
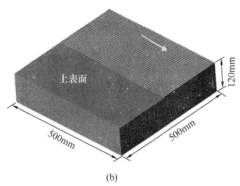

底座
钢制龙门架
X轴滑轨
Y轴滑轨
Z轴滑轨
步进电机
挤出机器
螺旋叶浆
材料容器
挤出头
平台

上表面
120mm
500mm
500mm

（a）　　　　　　　　　（b）

图 5-67　桌面式 3D 打印设备制作试件
（a）打印机结构；（b）打印试块

进行 3D 打印之前，需要对混凝土的挤出性和建造性进行调整，保证其可 3D 打印性。以顺利不中断地挤出 5 条砂浆作为挤出性良好的评价标准，单条尺寸为 $250mm(L) \times 15mm(W) \times 10mm(H)$；以 60s 内垂直层状堆积 10 层不坍塌作为建造性良好的评价标准，单层尺寸为 $280mm(L) \times 15mm(W) \times 10mm(H)$ 评价材料可打印性时选用口径为 15mm 的喷头，打印速度为 50mm/s，挤料速度 48r/min，打印层高为 8mm，并以同样的参数进行其他试件的打印。

从打印并完成养护的混凝土板［图 5-67（b）］切割尺寸为 $100mm \times 100mm \times 100mm$ 的立方体试件进行表观密度（B）和开口气孔率（P）试验，切割尺寸为 $100mm \times 100mm \times 100mm$（抗压性能）、$40mm \times 40mm \times 160mm$（三点抗弯和抗剪性能）和 $350mm \times 100mm \times 15mm$（抗拉性能）试件用于力学性能测试。试样分别从 X、Y 和 Z 三个方向加载，测试 rWTB 纤维对 3D 打印混凝土力学各向异性的影响，各方向的力分别用符号 F_X、

F_Y 和 F_Z 表示，如图 5-68 所示。

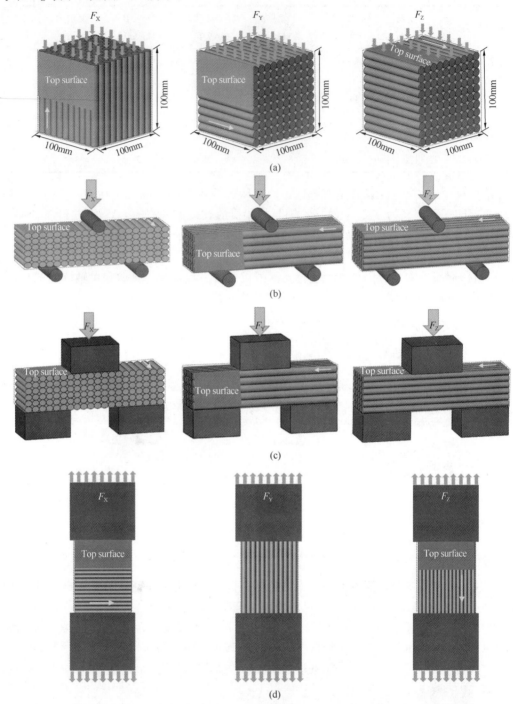

图 5-68　通过从三个正交方向（即 X、Y 和 Z 方向的载荷）加载打印的 3D 来测量力学各向异性
（a）压缩；（b）弯折；（c）剪切；（d）拉伸

　　为探究 rWTB 纤维在 3D 打印试件和浇筑试件中的差别，研究其对混凝土力学各向异性的影响，对不同 rWTB 纤维掺量的混凝土进行 CT 扫描，再三维重构孔隙网络模型与纤

维分布模型，反映出纤维的分布状态，扫描试件尺寸为 40mm×40mm×40mm，像素大小为 1721px×1721px，切片厚度为 0.0059mm。同时对混凝土试件进行电子显微镜扫描，表征纤维-基体界面。

5.6.2 rWTB 纤维对混凝土可 3D 打印性影响

1. 流动性

流动性是一种简易的衡量水泥基材料可打印性的指标，材料的流动性能越好就越容易被挤出，但不利于维持层层堆积的体积保形性；相反地，较低的流动性有利于层层堆积过程，但却不利于维持输送和挤出过程的通畅顺滑。

从图 5-69 可以看出，新拌混凝土跳桌振动前的流动扩展度接近模具的底面直径，表明良好的建造性；当 rWTB 纤维掺量小于 7%（质量分数）时，混凝土跳桌振动后流动扩展度均大于 180mm，表明良好的挤出性。混凝土跳桌前、后的流动扩展度均随

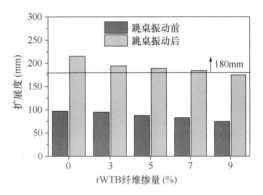

图 5-69 3D 打印 rWTB 纤维
增强混凝土流动试验结果

rWTB 纤维掺量增加而降低，这是由于纤维之间的间距逐渐变小，形成了三维骨架网络结构，限制了拌和物流动性。根据前期研究基础与应用实践得出，跳桌振动后流动扩展度大于 180mm 的混凝土具有良好的挤出性，因此本试验中的混凝土基本上可挤出。

2. 3D 打印性

对不同纤维掺量水泥基材料的挤出性进行测试，如图 5-70 所示，当 rWTB 纤维掺量小于 5%（质量分数）时，挤出条带均未发生堵塞、中断、残缺现象；当 rWTB 纤维掺量达到 7%（质量分数）时，挤出条带的边缘部分开始出现微小褶皱，表面有少量的纤维拉拽现象；当 rWTB 纤维掺量达到 9%（质量分数）时，挤出条带明显变窄，纤维拉拽现象明显，表面孔洞缺陷增多，挤出条带部分出现间断，此时拌和物已经无法连续挤出，不再继续评价其建造性能。

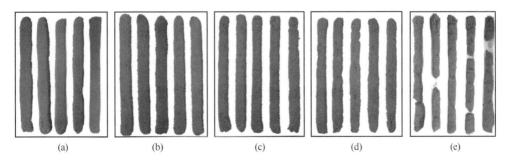

图 5-70 不同掺量 rWTB 纤维增强混凝土的挤出性能
(a) 0%；(b) 3%；(c) 5%；(d) 7%；(e) 9%

图 5-71 为掺 3％、5％和 7％（质量分数）rWTB 纤维混凝土的建造性测试结果，以发生坍塌时最大高度和外观质量作为评价指标。随着纤维掺量增大，打印总高度增加，水泥基材料均堆叠良好、平稳，且无明显变形、倾斜；但条带边缘褶皱现象逐渐严重，当纤维掺量达到 7％（质量分数）时，条带宽度明显不均匀现象。

综合考虑流动性、流变性、挤出性和建造性试验结果，选用 3％、5％和 7％（质量分数）纤维掺量进行力学各向异性研究。

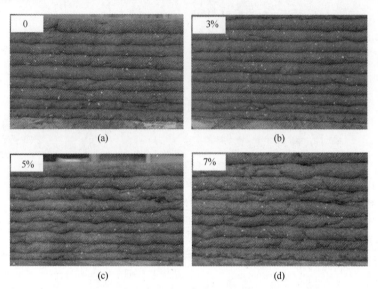

图 5-71　不同掺量 rWTB 纤维增强混凝土的可建造性
(a) 0％；(b) 3％；(c) 5％；(d) 7％

5.6.3　rWTB 纤维对 3D 打印混凝土物理力学性能影响

1. 表观密度和孔隙率

如图 5-72（a）和（b）所示，浇筑和打印试样表观密度均随 rWTB 纤维掺量的增加逐渐降低，而孔隙率明显增加。rWTB 纤维的掺入降低了混凝土密实度，增加了孔隙率。另一方面，由于 3D 打印过程中缺少振捣，且打印层之间可能形成更多孔隙，因此 3D 打印样品在每一 rWTB 纤维掺量下密度都低于浇筑试件。

2. 抗压强度

图 5-73 为不同 rWTB 纤维掺量混凝土的抗压强度。对于无纤维试件，打印混凝土在 Y、Z 方向略低于现浇混凝土，X 方向高于现浇混凝土。随着 rWTB 纤维掺量的增加，浇筑试样的抗压强度逐渐增大，当 rWTB 纤维掺量为 7％时，抗压强度最高，为 86.1MPa。3D 打印 rWTB 纤维混凝土的最佳纤维掺量为 5％（质量分数），X、Y、Z 三个方向分别比无纤维试件提高了 5.1％、13.2％、29.9％，最高强度为 91.1MPa。

可以看出，3D 打印 rWTB 纤维增强混凝土的抗压强度取决于试验方向，然而无论纤维掺量如何，打印试样 Z 方向的抗压强度最高，主要是因为打印过程中混凝土纵向被压实，且 rWTB 在一定程度上被定向，使 F_z 试样垂直于加载方向的纤维较多，更有助于防止裂纹扩展，提高了这个方向的抗压强度。

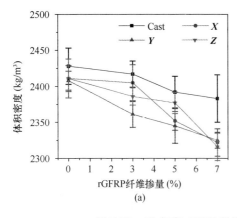
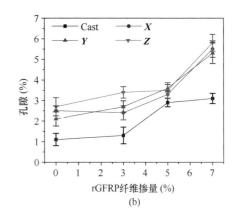

图 5-72 3D 打印 rWTB 纤维增强混凝土的表观密度和孔隙率
（a）表观密度；（b）孔隙率

3. 抗弯性能

由图 5-74（a）可知，不含 rWTB 纤维的 3D 打印试件 3 个方向的抗弯强度差别较小，略低于浇筑试样。3D 打印试样 X 方向和浇注试件的抗弯强度随 rWTB 纤维掺量的增加先下降后提升，而 3D 打印试样的 Y、Z 方向强度明显提升，在 5％（质量分数）的掺量下，可达到 10MPa。图 5-74（b）为 7％（质量分数）rWTB 纤维增强混凝土在加载方向的跨中位移-荷载曲线，可以看出试件在 Y、Z 方向表现出，但是在 X 方向表现出明显的脆性。

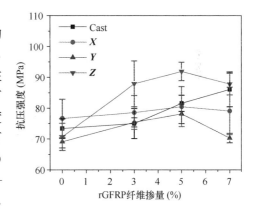

图 5-73 3D 打印 rWTB 纤维混凝土的抗压强度

由图 5-74（c）可以看出，加入 rWTB 纤维后，试样的峰后变形较大。在所有纤维掺量中，在 Y 和 Z 方向加载的打印试样的 D_{pk} 远大于浇筑试样，而在 X 方向加载的性能最差。从图 5-74（d）可以看出，混凝土弯曲韧性由于纤维断裂和拔出所消耗的能量而显著提高。浇筑试件中 rWTB 纤维的加入使弯曲韧性提高了 61.4％～168.6％。由于纤维的取向效应，3D 打印试样在 Y、Z 方向的韧性提高更为明显，分别提高了 88.9％～269.2％和 79.1％～465.4％，但是对 X 方向的韧性没有显著影响。

4. 抗剪性能

浇筑和 3D 打印 rWTB 纤维增强混凝土抗剪强度如图 5-75（a）所示，大体上强度随纤维掺量增加均有所提高。3D 打印试件 Y、Z 方向抗剪强度均远大于浇筑试件，但是 X 方向由于打印层间没有纤维桥接，强度低于其他组，说明 rWTB 纤维对 3D 打印混凝土抗剪性能的各向异性影响显著。

图 5-75（b）为 rWTB 纤维增强混凝土的剪切荷载-位移曲线。除 X 方向外，掺入 7％（质量分数）rWTB 纤维的浇筑和 3D 打印试样均表现出较长的非线性阶段和较大的峰后变形，并且 rWTB 纤维的加入提高了 3D 打印混凝土在 Y、Z 加载方向的剪切变形能力，

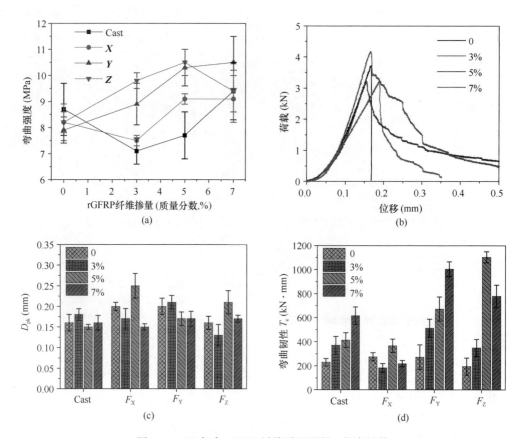

图 5-74　3D 打印 rWTB 纤维增强混凝土抗弯性能
（a）三点弯曲强度；（b）荷载-位移曲线；（c）峰值位移；（d）弯曲韧性

如图 5-75（c）所示。相应的，rWTB 纤维增强混凝土的剪切韧性也显著提高，尤其是 3D 打印试件在 Y 和 Z 方向，分别提高了 70%～100% 和 44%～133%，均高于浇筑试样，如图 5-75（d）所示。

5. 抗拉强度

rWTB 纤维对混凝土抗拉性能的提高较为显著，如图 5-76 所示。首先，抗拉强度随纤维掺量增加明显提高，3D 打印 rWTB 混凝土在 Y、Z 方向强度与浇筑试件相近，但是 X 方向较低。掺 7%（质量分数）rWTB 纤维的浇筑混凝土和 3D 打印混凝土的 Y、Z 方向表现出明显的延性破坏，如图 5-76（b）所示。X 加载方向打印试样由于打印过程中形成的弱面大部分平行于拉伸加载方向，呈现脆性破坏。

添加 rWTB 纤维提高了 3D 打印混凝土的极限抗拉应变，如图 5-76（c）所示。同时，掺入 rWTB 纤维显著提高了混凝土的拉伸韧性，如图 5-76（d）所示，当 rWTB 纤维含量为 3%、5% 和 7%（质量分数）时，浇筑试样的韧性分别提高了 6.6 倍、9.4 倍和 12 倍。3D 打印 rWTB 纤维增强混凝土的最佳掺量为 5%（质量分数），X、Y、Z 加载方向的拉伸韧性分别比相应的无纤维试样提高了 86.2%、500.3% 和 685.5%。

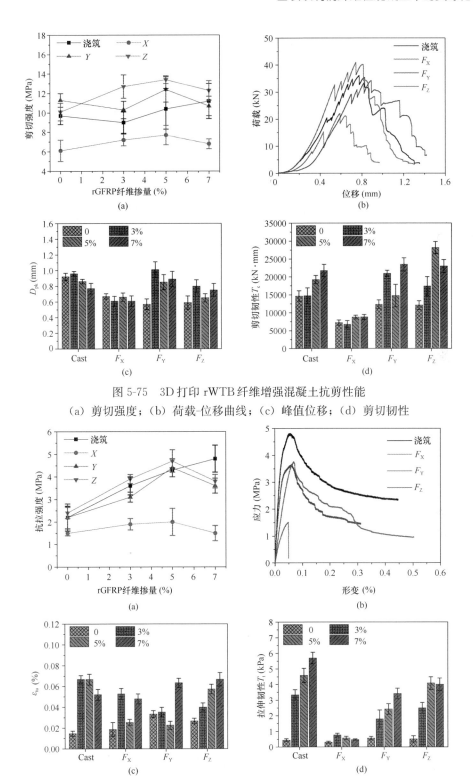

图 5-75 3D 打印 rWTB 纤维增强混凝土抗剪性能

（a）剪切强度；（b）荷载-位移曲线；（c）峰值位移；（d）剪切韧性

图 5-76 3D 打印 rWTB 纤维增强混凝土抗拉性能

（a）拉伸强度；（b）应力-应变曲线；（c）极限拉伸应变；（d）拉伸韧性

5.7 废弃风机叶片回收玻璃钢骨料增强混凝土

利用机械破碎回收的玻璃钢材料除粉末和纤维外，还有少量大尺寸部分，对于一切原始强度、刚度较高的玻璃钢，如风机叶片的玻璃钢部分，破碎回收的大尺寸部分力学性能依然较高，本研究用其替代部分粗骨料制备混凝土，研究回收玻璃钢骨料对混凝土力学性能和抗冻性的影响规律。

5.7.1 原材料与试验方案

采用 P·O 42.5 普通硅酸盐水泥、硅灰、河砂、花岗岩碎石和 PCA 聚羧酸系高性能减水剂为基本原料，含固量 40%，减水率 37%。水泥和硅灰的化学成分含量见表 5-25。玻璃钢回收自废弃风机叶片（图 5-77），回收风机叶片（rWTB）骨料和粗细骨料的级配曲线如图 5-78 所示。

表 5-25 胶凝材料的化学成分含量（质量分数，%）

成分	Na₂O	MgO	SiO₂	Al₂O₃	Fe₂O₃	CaO	P₂O₅	LOI
水泥	0.1	0.5	15.3	3.3	3.2	66.4	3.3	6.5
硅灰	0.8	0.9	85.7	0.8	3.9	3.9	0.7	4.1

图 5-77 废弃风机叶片物理回收

（a）切割；（b）破碎；（c）回收料

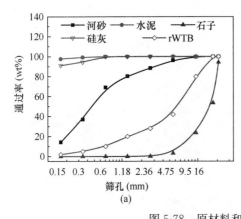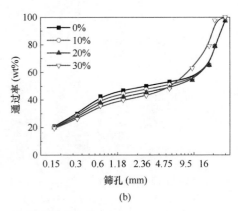

图 5-78 原材料和混合料的级配曲线

（a）原材料级配曲线；（b）混合料级配曲线

为研究再生风机叶片纤维对混凝土物理、力学性能和抗冻性的影响，设计了表 5-26 的配比方案。用 rWTB 骨料替换混凝土中质量分数为 10％、20％和 30％的河砂，制备混凝土试件放入标准养护室［温度 20±2 ℃，湿度 95％以上］养护 28 d 后，进行相应试验。

表 5-26　rWTB 纤维增强混凝土试样配合比

组别	水泥 （kg/m³）	硅灰 （kg/m³）	河砂 （kg/m³）	rWTB （kg/m³）	石子 （kg/m³）	水 （kg/m³）	减水剂 （kg/m³）
G0	284	22	752	—	882	155	0.614
G10	284	22	676.8	75.2	882	155	0.614
G20	284	22	601.6	150.4	882	155	0.614
G30	284	22	526.4	225.6	882	155	0.614

制备 100mm×100mm×100mm 立方体试件，养护 28d 后测试混凝土密度、抗压强度和劈裂抗拉强度；制备 100 mm×100 mm×400 mm 棱柱体试件，养护 28d 后测试抗弯强度；使用抗压试件测定混凝土试件在水冻水融条件下的抗冻性能。利用扫描电子显微镜技术表征 rWTB 骨料混凝土的微观形貌，并利用超景深显微镜对混凝土断面进行表征，分析 rWTB 对混凝土材料结构的影响。

5.7.2　rWTB 骨料混凝土密度和吸水性

由图 5-79 可知，rWTB 骨料替代河砂降低了混凝土的密度，且密度随 rWTB 骨料掺量增加而降低。这一方面是因为 rWTB 密度远低于河砂，另一方面是由于其形态不一、尺寸不均、亲水性差等特点，在混凝土中引入大量的气泡。混凝土中气孔增多导致了其吸水率增大。但是，rWTB 骨料替代率为 20％时，吸水率低于替代率为 10％和 30％的混凝土。这可能由于当替代率为 20％时，rWTB 骨料与河砂级配能够使混凝土密实度提高，吸水率降低。

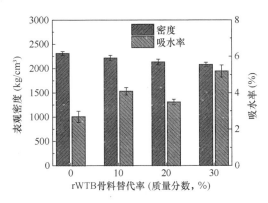

图 5-79　rWTB 骨料混凝土的表观密度和吸水率

5.7.3　rWTB 骨料混凝土力学性能

图 5-80 为不同掺量 rWTB 骨料混凝土养护 28 d 的抗压、抗弯和劈裂抗拉强度。混凝土抗压强度随 rWTB 骨料替代率增加而降低，主要是因为物理破碎的回收 rWTB 骨料是

混杂了不同尺寸粉末、树脂颗粒和纤维的混合料，与河砂相比级配均匀性差，不能提供良好的骨架支撑作用，并且与水泥浆粘结性较弱，从而导致混凝土抗压强度降低。

另一方面，由于掺杂了纤维，rWTB骨料的掺入提高了混凝土的抗弯和抗拉性能，rWTB掺量为10%～30%时分别提高2.8%～11.1%和4.1%～6.9%，说明rWTB骨料能够较好地限制混凝土微裂缝萌生和扩展。从图5-81混凝土劈裂形态可见，素混凝土为典型脆性破坏，掺入10% rWTB骨料的混凝土虽然也产生贯穿裂缝，但并未完全断裂；随rWTB骨料掺量增加，裂缝扩展更加蜿蜒曲折，说明rWTB提供了良好的裂缝桥接能力，增加了混凝土破坏后的整体性。

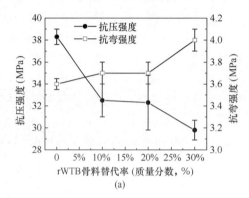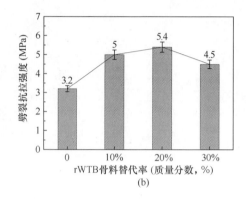

图 5-80　不同掺量 rWTB 骨料混凝土性能
（a）抗压、抗弯强度；（b）劈裂抗拉强度

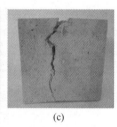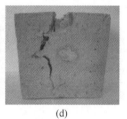

图 5-81　不同掺量 rWTB 骨料混凝土劈裂试验破坏形态
（a）0；（b）10%；（c）20%；（d）30%

5.7.4　rWTB骨料混凝土抗冻性

如图5-82所示，经过75次冻融循环后，各rWTB骨料掺量的混凝土相对动态弹性模量均未下降到50%，因此以质量损失率作为评价混凝土抗冻性的指标。由图5-82（a）可知，当冻融循环次数为25、50次时，掺入rWTB骨料的混凝土质量损失率均有不同程度的降低。掺20%风机叶片混凝土表现出最优异的抗冻性能，当冻融循环次数为50次时，只有掺20%风机叶片混凝土未达到冻融寿命，这与图5-79所示的20% rWTB骨料混凝土吸水率最低的结果一致。冻融循环75次后的表观形貌如图5-83所示。

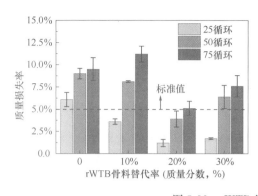
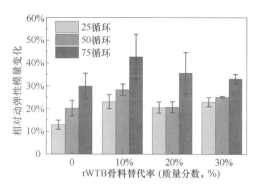

图 5-82　rWTB 骨料混凝土抗冻性

（a）质量损失；（b）相对动态弹性模量变化

图 5-83　rWTB 骨料混凝土冻融循环 75 次后的表观形貌

5.8　回收玻璃钢纤维增强地聚物

5.8.1　回收玻璃钢纤维增强地聚物复合材料

基于 rGFRP 纤维对水泥基材料增强的机理，Novais 尝试利用废弃风机叶片回收的 rGFRP 纤维改善地聚物的物理、力学性能[99]。

1. 力学性能

研究中，Novais 选择偏高岭土制备地聚物，准备了统一长度为 6 mm 的 rGFRP 纤维，制备了纯地聚物和纤维掺量为 0.1%～3.0% 的 rGFRP 增强地聚物复合材料，抗压强度如图 5-84 所示。地聚物抗压强度随 rGFRP 纤维掺量的增加而增强，并且 rGFRP 纤维提高了地聚物开裂后的延性，防止试样完全断裂[99]。

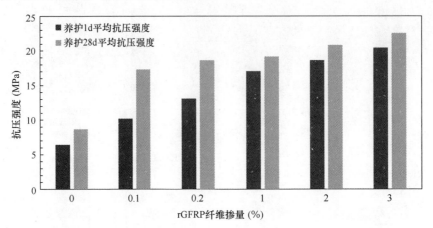

图 5-84　不同掺量 rGFRP 纤维增强地聚物养护 1d 和 28d 的抗压强度[99]

其次，Novais 比较了掺量为 1.7%～3.9% rGFRP 纤维毡增强地聚物复合材料养护 1d 和 28d 三点抗弯强度，如图 5-85 所示。抗弯强度随纤维毡掺量增加而提升，rGFRP 毡增至 3 层（即 3.9%）时，抗弯强度提高了 144%。纯地聚物表现出脆性断裂的特征，而 rGFRP 纤维毡增强地聚物复合材料则表现出韧性断裂；说明织物承受大部分载荷，应力从基体向纤维传递，提高了地聚物韧性[99]。

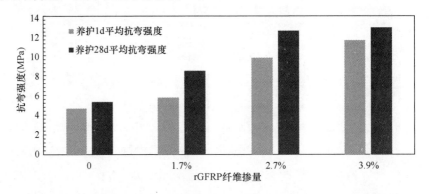

图 5-85　不同掺量 rGFRP 纤维增强地聚物养护 1d 和 28d 的抗弯强度[101]

另外，Novais 利用 6mm 和 20mm 两种长度的 rGFRP 纤维制备偏高岭土地聚物复合材料，测试了不同掺量复合材料的抗拉强度，如图 5-86 所示[131]。两种长度的 rGFRP 纤维对地聚物抗拉强度均有明显提高，强度随 20mm 纤维掺量增加而显著提高，随 6 mm 纤维掺量提高降低后提高，掺量为 2% 强度最高，说明 rGFRP 纤维较长时更有助于提高地聚物强度。

2. 表观密度和微观形貌

Novais 在 rGFRP 纤维毡增强地聚物的研究中对前 28d 复合材料的表观密度进行测试，结果如图 5-87 所示，因为 rGFRP 纤维毡密度比地聚物低，复合材料的表观密度随

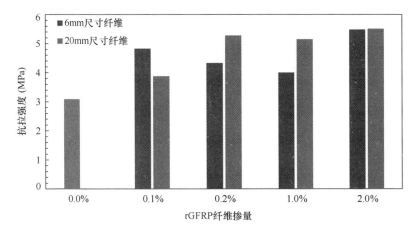

图 5-86 不同掺量 rGFRP 纤维增强地聚物养护 1d 和 28d 的抗拉强度

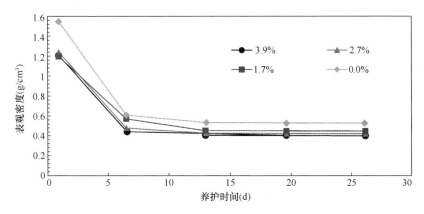

图 5-87 rGFRP 纤维毡增强地聚合物表观密度

注：图中分数为质量分数

rGFRP 毡掺量的增加逐渐下降[131]。

通过扫描电子显微镜（SEM）表征，Novais 等发现加入 6 mm 短切 rGFRP 纤维会提高地聚物基体中孔隙比例，且随着玻璃钢纤维含量的增加，孔径分布向大孔径区域转移。可能因为地聚物浆料黏度随 rGFRP 纤维掺量增加而增大，阻碍了气泡的释放，增加了孔隙。但是地聚物力学性能并没有因此降低，主要是因为纤维较好地嵌入地聚物基体 ［图 5-88（d）～（f）］，与基体协同工作，提高复合材料强度[99]。

5.8.2 回收玻璃钢纤维增强发泡地聚物轻质砂浆

发泡地聚物材料具有低碳环保、耐化学腐蚀、耐磨等诸多优势，但存在力学性能与保温性能无法同时提高、易干缩开裂等问题。鉴于 rGFRP 纤维对地聚物良好的增强、增韧作用，本书作者采用 rGFRP 纤维作为发泡地聚物增韧材料，结合轻质骨料，研究 rGFRP 纤维增强发泡地聚物轻质砂浆的保温性能和基本物理力学性能[132]。

1. 原材料

研究采用粉煤灰（FA）、矿渣粉（GBFS）、rGFRP 纤维、玻化微珠（VMB）、有机

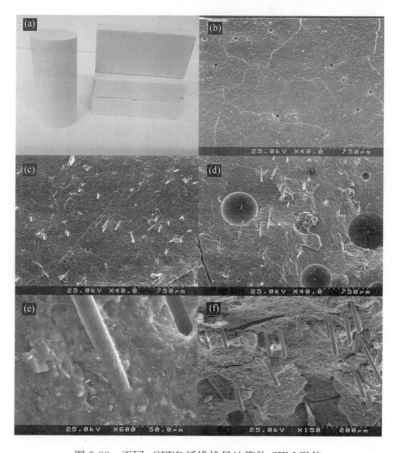

图 5-88　不同 rGFRP 纤维掺量地聚物 SEM 形貌

（a）地聚合物试样；（b）纯地聚物；（c）1.0％ rGFRP 纤维地聚物；（d）2.0％ rGFRP 纤维地聚物；
（e）2.0％ rGFRP 纤维地聚局部（×600）；（f）掺入 2.0％rGFRP 纤维地聚物局部（×600）[99]

发泡剂等材料共同制备 rGFRP 纤维增强发泡地聚物和发泡地聚物砂浆等材料。粉煤灰和矿渣粉成分如表 5-27 所示，粒径分布如图 5-89 所示。采用的玻化微珠干密度为 0.24～0.30 g/cm³，导热系数≤0.085 W/（m·K），抗压强度≥0.40 MPa，线性收缩率≤0.30％。

表 5-27　地聚物原材料的氧化物成分（质量分数,％）

氧化物	Na₂O	MgO	Al₂O₃	SiO₂	P₂O₅	SO₃	K₂O	CaO	TiO₂	其他	LOI
粉煤灰	0.46	9.27	14.50	30.41	0.03	2.34	0.46	40.90	0.70	0.83	0.09
矿渣粉	0.12	0.47	44.10	45.86	0.49	0.46	1.46	2.47	1.97	2.49	0.17

研究使用的 rGFRP 纤维使用废弃风机叶片中的玻璃钢部分切割、破碎、筛分而得，纤维长度在 1.45 ～4.75 mm 范围内。粉煤灰、矿渣粉、玻化微珠和 rGFRP 纤维如图 5-90所示。

制备地聚物采用的碱激发剂为 Na₂SiO₃（SiO₂/Na₂O＝1.0～1.06）和 NaOH 溶液混

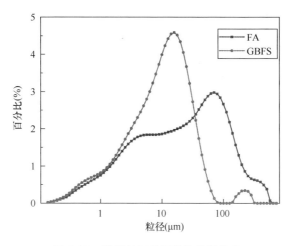

图 5-89 粉煤灰与矿渣粉的粒径分布

图 5-90 原材料

（a）粉煤灰；（b）矿渣粉；（c）rGFRP 纤维；（d）玻化微珠

合溶液。有机发泡剂由聚丙烯酸钠、十二醇、硅树脂聚醚乳液、十二烷基硫酸钠按比例混合制备，掺入 $Ca(OH)_2$ 作为稳泡剂。发泡剂比例如表 5-28 所示。

表 5-28 发泡剂配比

材料	水	十二烷基硫酸钠	聚丙烯酸钠	十二醇	硅树脂聚醚乳液
质量（g）	228	12	4	1	1.2

2. 试验方案

采用物理发泡方式制备发泡地聚物，首先制备地聚物基体，再与发泡剂混合加速搅拌。采用2%～6%掺量 rGFRP 纤维、10%～25%发泡剂，配比如表 5-29 所示（所有组别按照"发泡剂（F）-发泡剂掺量-纤维（R）-纤维掺量"进行命名）。采用地聚物净浆（CG）、不掺 rGFRP 纤维和掺 1％AR 纤维的发泡地聚物作为对比组。基于上述发泡地聚物配比，加入 10％玻化微珠制备发泡地聚物轻质砂浆，配比如表 5-30 所示（所有组别按照"发泡剂（F）-发泡剂掺量-纤维（R）-纤维掺量-GB"进行命名）。

采用相同的过程制备发泡地聚物和砂浆，先拌制所有干粉料和纤维，制备地聚物净浆或砂浆，然后加入发泡好的发泡剂继续搅拌，制得发泡地聚物（砂浆）。所制备试块包含 70.7 mm × 70.7 mm × 70.7 mm 用以测试抗压强度与密度的试块、25 mm × 25 mm × 280 mm 用以测试干燥收缩的试块和 30 mm × 300 mm × 300 mm 用以测试导热系数的试块。在室温 25℃和相对湿度 40％～50％环境下养护，养护 3d 拆模后开始干缩试验，养护 7d、28d 后测试无侧限抗压强度，养护 28d 后测试密度、吸水率和热传导性能。

表 5-29　rGFRP 纤维增强发泡地聚物配比表（g/m³）

原材料	发泡剂	rGFRP 纤维	耐碱玻璃纤维	粉煤灰	矿渣粉	硅酸钠	氢氧化钠	水	氢氧化钙
CG	0	0	0	500	500	130	40	360	0
F10	100	0	0	450	450	130	40	360	100
F10-AR	100	0	10	450	450	130	40	360	100
F10-R2	100	20	0	450	450	130	40	360	100
F10-R4	100	40	0	450	450	130	40	360	100
F10-R6	100	60	0	450	450	130	40	360	100
F15	150	0	0	450	450	130	40	360	100
F15-AR	150	0	10	450	450	130	40	360	100
F15-R2	150	20	0	450	450	130	40	360	100
F15-R4	150	40	0	450	450	130	40	360	100
F15-R6	150	60	0	450	450	130	40	360	100
F20	200	0	0	450	450	130	40	360	100
F20-AR	200	0	10	450	450	130	40	360	100
F20-R2	200	20	0	450	450	130	40	360	100
F20-R4	200	40	0	450	450	130	40	360	100
F20-R6	200	60	0	450	450	130	40	360	100
F25	250	0	0	450	450	130	40	360	100
F25-AR	250	0	10	450	450	130	40	360	100
F25-R2	250	20	0	450	450	130	40	360	100
F25-R4	250	40	0	450	450	130	40	360	100
F25-R6	250	60	0	450	450	130	40	360	100

表 5-30　rGFRP 纤维增强发泡地聚物砂浆配比表（g/m³）

原材料	发泡剂	rGFRP 纤维	粉煤灰	矿渣粉	硅酸钠	氢氧化钠	水	氢氧化钙	玻化微珠
F10-GB	100	0	400	400	130	40	360	100	100
F10-R2-GB	100	20	400	400	130	40	360	100	100
F10-R4-GB	100	40	400	400	130	40	360	100	100
F10-R6-GB	100	60	400	400	130	40	360	100	100
F-15-GB	150	0	400	400	130	40	360	100	100
F15-R2-GB	150	20	400	400	130	40	360	100	100
F15-R4-GB	150	40	400	400	130	40	360	100	100

续表

原材料	发泡剂	rGFRP 纤维	粉煤灰	矿渣粉	硅酸钠	氢氧化钠	水	氢氧化钙	玻化微珠
F15-R6-GB	150	60	400	400	130	40	360	100	100
F20-GB	200	0	400	400	130	40	360	100	100
F20-R2-GB	200	20	400	400	130	40	360	100	100
F20-R4-GB	200	40	400	400	130	40	360	100	100
F20-R6-GB	200	60	400	400	130	40	360	100	100
F-25-GB	250	0	400	400	130	40	360	100	100
F25-R2-GB	250	20	400	400	130	40	360	100	100
F25-R4-GB	250	40	400	400	130	40	360	100	100
F25-R6-GB	250	60	400	400	130	40	360	100	100

3. rGFRP 纤维增强地聚物与轻质砂浆工作性能

通过试验发现，rGFRP 纤维对发泡地聚物及砂浆的凝结时间、流动性均产生了较为显著的影响。随发泡剂掺量增加，发泡地聚物的凝结时间延长、流动扩展度增加，如图 5-91（a）和（c）所示。发泡剂中的表面活性剂会包裹在矿渣、粉煤灰等原材料表面，阻碍地聚物溶解、聚合、缩聚反应过程的进行，导致缓凝[132-135]，而发泡剂中的聚丙烯酸钠会将部分自由水变为结合水，使发泡地聚物材料失水缓慢，进一步延缓凝结。

然而，发泡地聚物及砂浆的凝结时间均随 rGFRP 纤维掺量的增加而缩短。这是由于 rGFRP 纤维的互锁和桥接作用限制颗粒流动，降低了新拌浆体流动性[115,136]，并且 rG-

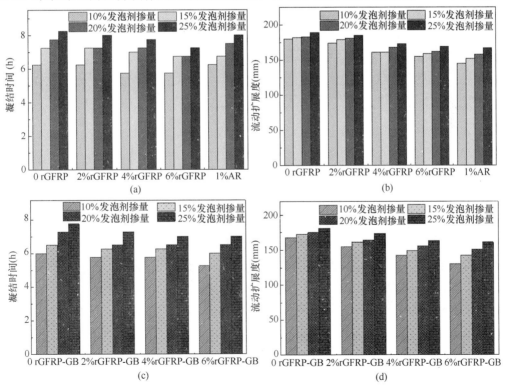

图 5-91 不同 rGFRP 纤维和发泡剂掺量发泡地聚物及轻质砂浆工作性能
（a）地聚物凝结时间；（b）地聚物流动扩展度；（c）砂浆凝结时间；（d）砂浆流动扩展度

FRP 纤维具有较高的吸水性，降低了基体中的水分，加速发泡地聚物的凝结硬化。加入玻化微珠后，发泡地聚物砂浆的凝结时间进一步缩短，这是由于玻化微珠轻质多孔、比表面积较大，会吸附更多的水分，加快凝结[137,138]。

4. rGFRP 纤维增强地聚物与轻质砂浆密度和干缩

rGFRP 纤维增强发泡地聚物和轻质砂浆的 28d 密度和干缩率如图 5-92 所示。发泡地聚物及轻质砂浆的密度均随发泡剂掺量增加逐渐降低，主要是由于泡沫的增多向浆体内引入更多空气，硬化后孔隙增加，导致整体密度降低。

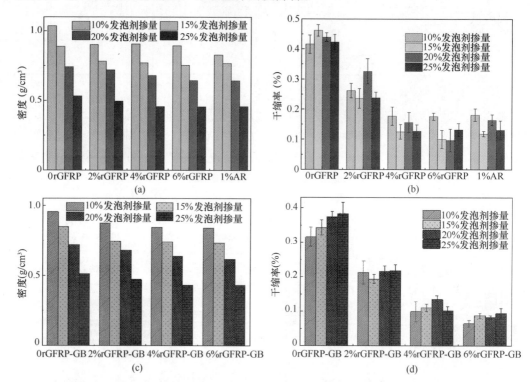

图 5-92　不同 rGFRP 纤维和发泡剂掺量发泡地聚物及轻质砂浆的密度和干缩率
（a）地聚物密度；（b）地聚物干缩率；（c）砂浆密度；（d）砂浆干缩率

对于每组掺量的发泡地聚物及砂浆，密度随 rGFRP 纤维掺量提高而进一步降低，与纤维增强普通地聚物密度降低的规律一致。这是由于纤维增加了浆体搅拌过程中与空气接触的面积，向基体内引入更多空气[139,140]。因此，发泡地聚物和砂浆中密度最小的试件组分别为 F25-R6 和 F25-R6-GB，密度分别为 0.45g/cm³ 和 0.43g/cm³。

另外，干缩率会随 rGFRP 掺量增加而降低，如图 5-92（b）所示。发泡剂掺量为 15％干缩最大，相应的 rGFRP 纤维可更显著地抑制干缩，当纤维掺量由 0％提高至 6％，发泡地聚物干缩率由 0.46％降低到 0.1％，降低了 78.4％而轻质砂浆干缩率降低了 79.7％。

由于在发泡地聚物发生干缩变形时纤维发挥对基体的桥连作用，并且通过不同朝向均匀分布在基体发生形变的不同区域，对多孔基体进行形变约束，因此 rGFRP 纤维有效抑制发泡地聚物的干缩，发挥了最显著的减缩作用[100]。同时，由于 AR 纤维更细、分布更均匀，1％的 AR 纤维也发挥了显著的减缩作用。

5. rGFRP 纤维增强地聚物与轻质砂浆抗压强度

众所周知，孔隙率对发泡混凝土强度有重要影响。如图 5-93 所示，发泡地聚物及砂浆抗压强度随发泡剂掺量增加而降低，这是由于多孔材料的受力破坏过程通常由孔隙表面发生破裂开始，材料单位面积断裂所需的有效断裂面能会随着孔隙率的增加而降低[141]。

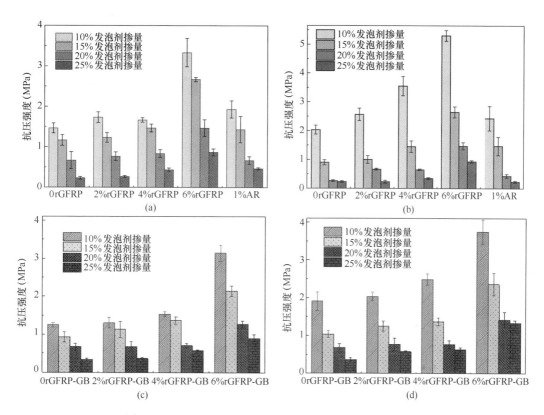

图 5-93　rGFRP 纤维增强发泡地聚物和轻质砂浆抗压强度
（a）7d 地聚物；（b）28d 地聚物；（c）7d 轻质砂浆；（d）28d 轻质砂浆

发泡地聚物和轻质砂浆的抗压强度随 rGFRP 纤维掺量增加有不同程度提高，如表 5-31 和表 5-32 所示，发泡地聚物 7d 和 28d 抗压强度分别提高 120.0％～272.1％和 160.7％～450.5％；轻质砂浆 7 天和 28 天抗压强度分别提高 89.8％～170.6％和 96.7％～270.0％。这主要是由于纤维的加入，抑制了发泡胶凝材料在受压后微裂缝的产生和扩展，进而提高抗压强度[100]。

发泡剂的掺量较大、rGFRP 纤维掺量较小的情况下，会出现发泡地聚物的 28d 抗压强度低于 7d 抗压强度的情况，这种强度倒缩主要是由于发泡地聚物在后期的干缩引起了材料内部结构的劣化，密度越低，干缩越大，力学性能下降越多[131, 136]。但是 rGFRP 纤维增强发泡地聚物轻质砂浆没有出现强度倒缩现象，这主要是因为玻化微珠包含大量闭合孔隙，引起的干缩较低，如图 5-92（d）所示。因此，合理结合轻质骨料可有效提高 rGFRP 纤维对发泡地聚物的增强作用。

表 5-31　rGFRP 纤维增强发泡地聚物强度随纤维掺量提高的增强比例

纤维掺量	发泡剂掺量（7d）				发泡剂掺量（28d）			
	10%	15%	20%	25%	10%	15%	20%	25%
0	1.47	1.17	0.67	0.23	2.03	0.90	0.27	0.23
2%	1.73	1.23	0.77	0.27	2.57	1.00	0.67	0.23
4%	1.67	1.47	0.83	0.43	3.55	1.45	0.65	0.35
6%	3.33	2.67	1.47	0.87	5.30	2.65	1.47	0.93
强度值最大提高比例（%）	127	128	120	272	161	194	451	299

表 5-32　rGFRP 纤维增强地聚物轻质砂浆强度随纤维掺量提高的增强比例

纤维掺量	发泡剂掺量（7d）				发泡剂掺量（28d）			
	10%	15%	20%	25%	10%	15%	20%	25%
0	1.25	0.933	0.667	0.333	1.905	1.033	0.673	0.363
2%	1.302	1.133	0.683	0.363	2.033	1.243	0.763	0.573
4%	1.533	1.366	0.703	0.567	2.483	1.366	0.766	0.633
6%	3.134	2.133	1.266	0.901	3.746	2.356	1.423	1.343
强度值最大提高比例（%）	151	129	90	171	97	128	111	270

6. rGFRP 纤维增强地聚物与轻质砂浆导热性能

本研究参照《绝热材料稳态热阻及有关特性的测定　防护热板法》（GB/T 10294—2008）[142]，制备了尺寸为 30 mm × 300 mm × 300 mm 的发泡地聚物平板试件，养护 28d 后利用导热系数仪测试了材料的导热系数。

如图 5-94 所示，发泡地聚物和轻质砂浆导热系数随发泡剂掺量的增加而降低，发泡剂掺量为 25% 时导热系数最低，分别为 0.118 W/(m·K) 和 0.095 W/(m·K)。但是，rGFRP 纤维加入不同程度地提高了发泡地聚物的导热系数，当发泡剂掺量为 25% 时，掺入 6% rGFRP 纤维后发泡地聚物导热系数提高约 36.4%，轻质砂浆导热系数提高约 47.0%。这是由于 rGFRP 纤维的导热系数大于发泡地聚物，会在发泡地聚物内形成热桥，导致热量的加速传导[143]。

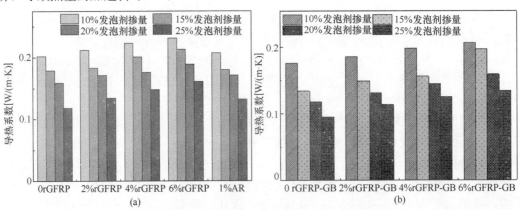

图 5-94　不同发泡剂掺量的 rGFRP 纤维增强

（a）发泡地聚物；（b）轻质砂浆导热系数

7. rGFRP 纤维增强地聚物与轻质砂浆孔隙性质

超景深光学显微镜表征的 rGFRP 纤维增强发泡地聚物和轻质砂浆的微观结构如图 5-95 所示，可以明显看出，发泡地聚物孔隙比例随发泡剂掺量增加逐渐增加，发泡剂掺量从 20% 提高至 25%，尺寸较大的孔隙比例显著增加。

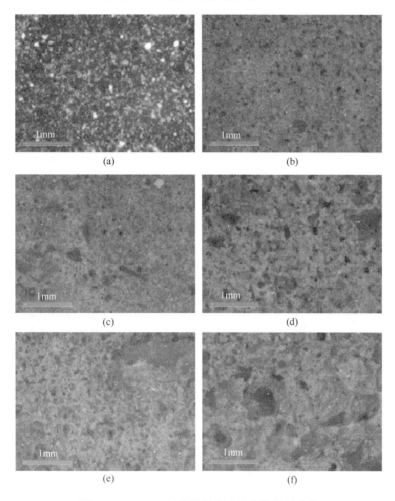

图 5-95　rGFRP 纤维增强发泡地聚物微观形貌
（a）CG；（b）F10；（c）F10-R6；（d）F15-R6；（e）F20-R6；（f）F25-R6

为了更直观对比图 5-95 中几组试件微观孔隙结构，对其进行 CT 扫描。如图 5-96 所示，地聚物发泡后孔隙明显增多，且多为大于 1000 μm^3 的孔隙。通过图 5-96（b）和（c）可见，rGFRP 纤维的加入不会显著影响总体孔隙数量，但会增加大的孔隙比例，这是由于纤维会刺破浆体中尺寸较小的封闭孔，使小孔在搅拌过程中集聚变成体积相对较大的孔[140]。

如图 5-97 所示，在发泡剂掺量为 10%，rGFRP 纤维掺量为 6% 的情况下，发泡地聚物砂浆的孔隙率为 31.80%，加入玻化微珠后继续增加了 124.6%。这主要是由于玻化微珠内部含有大量孔隙，可以大幅提高材料的孔隙率。但是，玻化微珠中孔隙比发泡地聚物中孔隙的体积更小，在发泡地聚物内引入大量封闭孔隙，有效降低材料的密度与导热

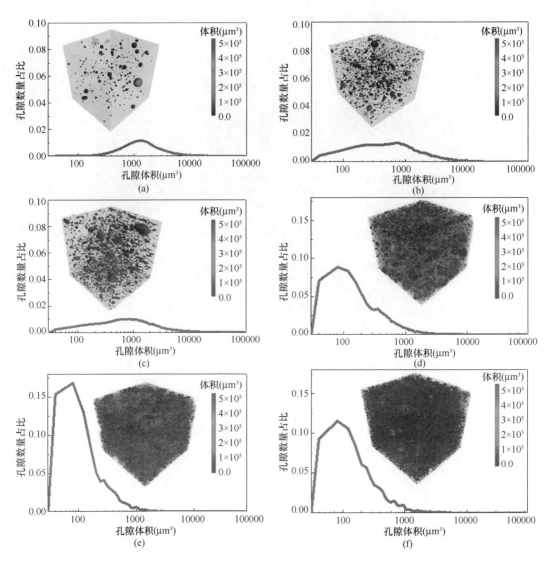

图 5-96　rGFRP 纤维增强发泡地聚物和轻质砂浆的 CT 三维重构图片和孔隙分布
(a) CG；(b) F10；(c) F10-R6；(d) F15-R6；(e) F20-R6；(f) F25-R6

系数。

通过上述研究可知，在发泡地聚物中加入 2％～6％ rGFRP 纤维可以显著提高发泡地聚物的抗压强度，这对于无机保温材料的自承重和耐久性具有重要意义。虽然引入更多孔隙，但是 rGFRP 纤维没能进一步降低发泡地聚物的导热系数，反而由于在基体内部引入大量的热桥，使得纤维增强发泡地聚物的导热系数有所提高。另外，由于发泡地聚物较高的后期干缩，使得材料强度出现倒缩，这一问题可以通过加入适当比例的玻化微珠得到缓解，玻化微珠和 rGFRP 纤维共同作用，在不大幅增加导热系数的前提下提高发泡地聚物轻质砂浆的抗压强度。

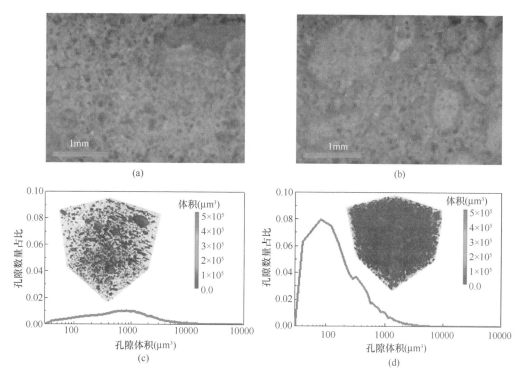

图 5-97　发泡剂掺量 10%、rGFRP 纤维掺量为 6% 的发泡地聚及轻质砂浆孔隙结构
(a) F10-R6 微观形貌；(b) F10-R6-GB 微观形貌；
(c) F10-R6 孔隙分布；(d) F10-R6-GB 孔隙分布

5.8.3　回收玻璃钢纤维增强发泡地聚物环境与经济效益

为评价综合利用多元固废的环境效益和经济效益，计算 rGFRP 纤维增强发泡地聚物的成本和碳足迹。

1. 环境效益

考虑 rGFRP 纤维增强发泡地聚物的成分组成，根据《建筑碳排放计算标准》（GB/T 51366—2019）的方法计算生产阶段碳排放[144]：

$$C_{SC} = \sum_{i=1}^{n} M_i F_i \tag{5-5}$$

式中：C_{SC} 为建材生产阶段的碳排放，$kgCO_2 e$；M_i 为第 i 种建材在生产过程中的消耗量，kg；F_i 为第 i 种建材的碳排放因子，可在数据库中查询得到。

计算中用到的材料和 rGFRP 纤维增强发泡地聚物制备过程如图 5-98 所示。本研究依据 IPCC 碳排放数据库 EFBD、欧盟版 EFPD、英国 ICOS 数据库、各地方标准及文献，检索各原材料碳排放因子，如表 5-33 所示。根据《建筑碳排放计算标准》（GB/T 51366—2019），rGFRP 碳排放因子取 0 $kgCO_2 e/t$。发泡剂成分复杂，各成分碳排放因子如表 5-34 所示。经计算，发泡剂碳排放因子为 249 $kg\ CO_2 e/t$。材料搅拌过程中耗电的碳排放取 601 $kgCO_2/MW \cdot h$[147]。

选用硬泡聚氨酯板与岩棉板作为对比硬泡聚氨酯板密度取 0.058g/cm^3，导热系数为

$0.024W/(m \cdot K)$，碳排放因子为 $5220kgCO_2e/t$ [145]；岩棉板密度取 $0.18g/cm^3$，导热系数为 $0.040W/(m \cdot K)$，碳排放因子为 $1980kgCO_2e/t$ [146]。

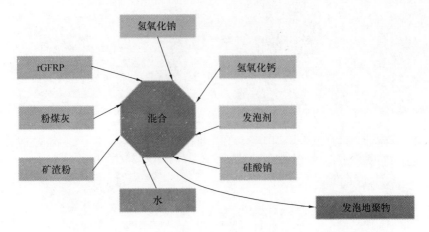

图 5-98 rGFRP 纤维增强发泡地聚物制备材料和过程示意图

表 5-33 rGFRP 纤维增强发泡地聚物各组分的碳排放因子

材料	碳排放因子（kg CO$_2$e/t）
粉煤灰	25①
矿渣粉	43 /57②
再生玻璃钢纤维	0③
氢氧化钠	1915④
硅酸钠	1514④
氢氧化钙	747⑤
发泡剂	249⑤
水	0.168/0.194⑥

数据来源：① IPCC 碳排放数据库 EFBD；
② 《矿渣粉单位产品能源消耗限额》与李阳等[148]的研究；
③ 根据规范 GB/T 51366—2019 计算，采用 Mara 等[149]的研究作数据基础；
④ 参照 K. Turner 等[150]的研究；
⑤ 参照 K. Turner 等[150]的研究；
⑥ 参照规范 GB/T 51366—2019[144]给出数值；
⑦ 根据规范 GB/T 51366—2019[144]计算；
⑧ 参照英国 ICOS 数据库[151]与规范 GB/T 51366—2019[144]。

表 5-34 发泡剂各成分的碳排放因子（kg CO$_2$e/t）

材料	碳排放因子
十二烷基硫酸钠	2428①
十二醇	3470/3273②
聚丙烯酸钠	4467③
硅树脂聚醚乳液	4894④
水	0.168/0.194⑤

数据来源：① 参照 Schowanek 等[152]的研究；
② 参照 Schowanek 等[152]与 Patel K 等[153]的研究；
③ 参照 Choodonwai 等[154]的研究；
④ 参照欧盟版 EFPD 数据库[155]；
⑤ 参照英国 ICOS 数据库[151]与规范 GB/T 51366—2019[144]。

计算得到研究中各组 rGFRP 纤维增强发泡地聚物碳排放如 5-35 所示。

表 5-35 rGFRP 纤维增强发泡地聚物碳排放（kgCO₂e/t）

rGFRP 掺量	10% FOA	15% FOA	20% FOA	25% FOA
0	250.04	250.10	250.18	250.41
2%	247.08	247.23	247.35	247.70
4%	244.12	244.37	244.60	245.07
6%	241.25	241.58	241.91	242.42

经计算，发泡地聚物的碳排放因子为 241.25～250.41 kgCO₂ e/t。研究结果显示发泡剂掺量对于发泡地聚物的碳排放影响并不大，而 rGFRP 纤维掺量的增加对于发泡地聚物的碳排放因子有小幅度降低。与常见的保温材料相比，使用发泡地聚物替代岩棉板在同等质量下可减少 87.35%～87.82% 碳排放，替代硬泡聚氨酯板可减少 95.%～95.18% 碳排放。

为考虑不同材料的密度与导热系数对环境效益的影响，计算同等热流密度情况下相同面积不同材料的总碳排放量，以 1m² 总质量为 1 吨的硬泡聚氨酯板为参照，如表 5-36 所示。加入 rGFRP 纤维在发泡剂掺量 10% 时可降低发泡地聚物整体碳排放，在发泡剂掺量为 25% 时会增加整体的碳排放。

这是由于 rGFRP 纤维会使基体内存在热桥[156]，而 rGFRP 又可以降低材料的密度。当基体导热系数较高时，纤维与基体的导热系数较为接近，热桥效应并不明显，纤维对密度的影响大于对导热系数的影响，因此可以降低整体的碳排放。反之当基体导热系数较低，纤维对导热系数的影响更大，会增加碳排放。

表 5-36 同等保温要求各组 rGFRP 纤维增强发泡地聚物的碳排放（kgCO₂ e）

rGFRP（掺量）	10%FOA	15% FOA	20% FOA	25% FOA
0	2487.27	1886.94	1400.13	747.37
2%	2242.72	1680.73	1446.40	781.01
4%	2343.77	1796.59	1388.06	784.33
6%	2364.70	1840.41	1397.95	840.25

同等保温隔热要求下，岩棉板的总体碳排放为 797.66kgCO₂e，硬泡聚氨酯板的总体碳排放为 298.29kgCO₂e。与岩棉板相比，发泡地聚物最多可以降低 6.3% 的碳排放；而与硬泡聚氨酯板相比，发泡地聚物碳排放较高。这是由于发泡地聚物材料和硬泡聚氨酯板与岩棉板相比导热系数过高、密度较大，在同等的保温需求下，所需发泡地聚物的体积与质量大于硬泡聚氨酯板。

2. 经济效益

除环境影响外，经济性也是决定材料能否被广泛应用的重要条件。本研究从单位质量的材料成本和同等保温隔热要求下材料的总成本两个方面对发泡地聚物的经济效益进行考量。按照式（5-6）和材料单价（表 5-37 和表 5-38）计算每组发泡地聚物的成本。

$$S_S = \sum_{i=1}^{n} M_i S_i \tag{5-6}$$

式中：S_S 为单位材料的总价，元/t；M_i 为第 i 种建材在生产过程中的消耗量 kg；S_i 为第 i 种建材的价格，元/t。

表 5-37　发泡剂各成分单价

材料	价格（元/t）
十二烷基硫酸钠	9250.00
十二醇	40000.00
聚丙烯酸钠	11200.00
硅树脂聚醚乳液	24000.00
水	2.80

表 5-38　rGFRP 纤维增强发泡地聚物各组分单价

材料	价格（元/t）
粉煤灰	300.00
矿渣粉	400.00
再生玻璃钢纤维	0
氢氧化钠	2100.00
硅酸钠	3000.00
氢氧化钙	600.00
发泡剂	642.08
水	2.80

各组 rGFRP 纤维增强发泡地聚物的价格如表 5-39 所示。经市场调研，岩棉板的价格为 1666.67 元/吨，硬泡聚氨酯板的价格为 14500.00 元/吨。单位质量的发泡地聚物价格比岩棉板价格低 65.94%～67.54%，比硬泡聚氨酯板低 96.08%～96.27%，而 rGFRP 纤维掺量的增加会进一步降低发泡地聚物的价格。

表 5-39　单位质量 rGFRP 纤维增强发泡地聚物成本（元/t）

rGFRP 掺量	10%FOA	15% FOA	20% FOA	25% FOA
0	560.87	563.29	565.56	567.71
2%	554.07	556.66	559.10	561.40
4%	547.43	550.19	552.78	555.24
6%	540.96	543.86	546.61	549.20

以表 5-39 为基础，结合表 5-36 的计算结果得到同等保温要求下发泡地聚物总价格，以 1t 重、面积为 1m² 的硬泡聚氨酯板的保温效果为参照，结果如表 5-40 所示。同等保温隔热要求下发泡地聚物的总价格随发泡剂掺量增加而降低，rGFRP 纤维会在一定程度上增加成本，但是当基体导热系数较低时，纤维对于基体密度的影响小于对基体导热系数的影响，对成本影响较小。

表 5-40　同等保温需求下 rGFRP 纤维增强发泡地聚物成本（元）

rGFRP 掺量	10% FOA	15% FOA	20% FOA	25% FOA
0	84972.99	65078.03	48718.04	26221.38
2%	76618.58	57966.35	50328.17	27401.88
4%	80070.76	61961.99	48298.07	27518.29
6%	80785.63	63473.49	48642.43	29480.19

经过计算，岩棉板在同等保温隔热需求的情况下的总价为 18330 元，而硬泡聚氨酯板的总价为 14500 元。因为发泡地聚物密度高，因此价格更高，但对同等保温隔热要求下发泡地聚物的总价格随发泡剂掺量增加而降低，说明其成本有进一步降低的潜力。岩棉板与硬泡聚氨酯板的抗压强度分别为 0.04 MPa 与 0.15 MPa，远低于 rGFRP 纤维增强发泡地聚物，因此这种材料更适用于强度要求更高而保温隔热要求较低的工况中。

5.9　小结

通过多领域的探索和多角度的应用基础研究，我们发现机械破碎回收的玻璃钢纤维作为增强材料应用于不同种类的混凝土材料中具备其特点与问题。

（1）由于玻璃钢制作过程、成型工艺和原材料组成的差异，机械破碎的 rGFRP 纤维尺寸非常复杂，长度不超过 30mm、宽度在 0.3~5.3mm 范围内变化；rGFRP 的化学成分主要为 SiO_2、CaO 和树脂有机成分，表面亲水性有较大差异，也是影响其在混凝土中应用的重要方面；rGFRP 纤维的力学性能根据其几何尺寸的不同存在较大差异，但总体上与原生玻璃纤维类似。

（2）rGFRP 纤维对混凝土的工作性能、物理性质和力学性能均有较为显著的影响，当纤维中混杂的团簇较多、纤维尺寸较大、纤维亲水性较差时，会降低混凝土的和易性、影响混凝土的抗压强度并增大孔隙率，因此对 rGFRP 纤维进行预处理提高其在混凝土中的分散性以及纤维与水泥基体间的粘结力是非常必要的。

（3）通过水洗、筛分、风力等分离手段对 rGFRP 纤维进行分选，去除团簇、得到尺寸较为统一的纤维，可以显著提高 rGFRP 纤维混凝土的力学性能；采用阴离子分散剂结合预浸泡手段处理的 rGFRP 纤维能够更均匀地分散在水泥基材料中，提高混凝土密实性，进而起到对混凝土的增强增韧作用。

（4）废弃风机叶片中回收的玻璃钢纤维抗拉强度和刚度更高，回收料尺寸也较大。将纤维部分应用于 3D 打印混凝土，随挤压过程发生定向，显著提高了平行于 3D 打印方向的混凝土强度和韧性；将大尺寸玻璃钢回收料替代部分骨料，与混凝土相容性较好，因此掺量可达到 10%~30%，并且对混凝土抗压强度、抗折强度和抗冻性均有显著提高。

（5）在对地聚物和发泡地聚物的探索性研究中，发现 rGFRP 纤维与地聚物基体的粘结性良好，可以有效提高地聚物、发泡地聚物以及发泡地聚物轻质砂浆的力学性能，虽然对轻质地聚物的保温性能有不利影响，但是作为一种具备增强作用的固废原材，rGFRP 纤维可降低发泡地聚物及其砂浆的碳足迹、提高经济效益，在合理配比的条件下促进发泡地聚物材料在保温—结构一体化的维护构件中的应用。

6 回收玻璃钢在道路工程材料中的资源化利用

沥青混合料的车辙和低温开裂是导致其过早进入大、中修的最主要病害。玻璃纤维具有良好的热稳定性，分布在沥青中可形成纵横交错的网状结构，可以提高胶浆的高温稳定性；纤维在沥青中有加筋作用，在外力作用下可以阻止减少路面裂缝出现或扩展等，是改善沥青混凝土路用性能的重要性能。

回收玻璃钢（rGFRP）保持了原来良好的抗磨损性能和高温稳定性，rGFRP 纤维具有较好的抗拉性能，rGFRP 粉末具有纤维状微结构，可对材料进行增韧。本章介绍 rGFRP 在沥青混合料和固化淤泥加筋方面的探索性工作，为其在道路工程材料方面的资源化利用提供参考。

6.1 回收玻璃钢碎片增强沥青混合料

6.2.1 原材料与试验方案

学者研究了不同长度（小于 5mm、5～10mm、10～12mm）、不同直径（0.5～0.71mm、0.25～0.5mm、0.125mm～0.25mm）、不同掺量（1％、3％、5％）rGFRP 碎片对沥青混合料的增强作用。通过静滴表面自由能测试、动态剪切流变仪（DSR）测试、多重应力蠕变恢复（MSCR）测试、弯曲梁流变仪（BBR）测试、单刃切口梁（SENB）测试、扫描电子显微镜（SEM）探究了 rGFRP 碎片对沥青混合料的增强机理[157]。

表 6-1 rGFRP 碎片的性质

样本编号	直径（mm）	长度（mm）	GFC 质量含量（％）
B	—	—	0
AS	0.5～0.71	<5	1/3/5
AL	0.5～0.71	10～12	1/3/5
BS	0.25～0.5	<5	1/3/5
BL	0.25～0.5	10～12	1/3/5
CS	0.125～0.25	≤5	1/3/5
CL	0.125～0.25	5～10	1/3/5

注：直径 0.5～0.71 mm，长度小于 5mm 的 rGFRP 碎片称为 AS；长度在 10～12mm 之间的 rGFRP 碎片称为 AL；直径为 0.25～0.5 mm，长度小于 5mm 的 rGFRP 碎片称为 BS；长度在 10～12mm 之间的 rGFRP 碎片称为 BL；直径为 0.125～0.25 mm 且长度远小于 5mm 的 rGFRP 碎片称为 CS；长度在 5～10mm 之间的 rGFRP 碎片称为 CL。

6.2.2 回收玻璃钢碎片与沥青的相容性

1. 接触角

接触角是衡量液体对材料表面润湿性能的重要参数，用三种不同液体（水、甘油和甲酰胺）作为探针液体，AL、BL、CL 三种 rGFRP 碎片对沥青的润湿性能如表 6-2 所示。

测试结果表明，rGFRP 碎片加入后沥青与水接触角均提高，说明 rGFRP 降低了沥青对水的润湿性。与此对应的，rGFRP 碎片加入后对甘油探针液体条件下的沥青润湿性没有显著影响，而 5%AL 和 5%BL 的加入均提高了沥青对甲酰胺的润湿性。

表 6-2 rGFRP 碎片沥青复合材料的接触角

样本类型	水（°）	甘油（°）	甲酰胺（°）
B	99.85	97.50	86.05
B+3%AL	100.41	95.31	87.10
B+5%AL	100.10	94.68	84.28
B+5%BL	104.78	98.45	86.35
B+5%CL	101.66	99.18	83.73

2. 表面自由能

表面自由能是物体表面分子间作用力的体现，直接体现固体表面的润湿性能，根据表 6-2 给出的接触角，计算出各组沥青的表面自由能，如图 6-1 所示。可以看出，随着 rG-FRP 碎片掺量和长径比的增加，沥青表面自由能和色散力增大，极性力减小，并且 5%BL 对表面自由能增强效果最明显，5%AL 增强效果稍弱。这可能是因为 BL 具有最大的长径比，形成了固化网络，通过聚集分散质和转移压力来支撑胶浆结构。

表 6-3 rGFRP 碎片沥青复合材料的表面自由能及其组成

样本类型	表面自由能（mJ/m²）	色散力（mJ/m²）	极力（mJ/m²）
B	15.68	11.79	3.89
B+3%AL	16.91	12.10	3.81
B+5%AL	17.57	14.38	3.19
B+5%BL	20.52	18.91	1.61
B+5%CL	17.33	14.99	2.34

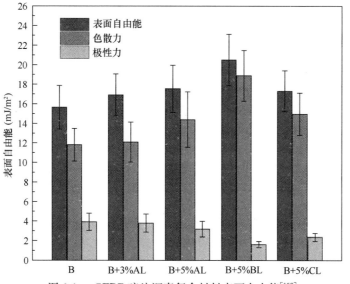

图 6-1 rGFRP 碎片沥青复合材料表面自由能[157]

总体而言，添加 5％ AL 和 5％ BL 可以提高甲酰胺与沥青的润湿性。此外，掺入 rG-FRP 碎片有利于提高沥青的表面自由能，改善沥青混合料的水稳定性。

6.2.3　回收玻璃钢对沥青混合料高温性能的影响

影响沥青混合料高温性能最主要的性质是沥青胶浆的流变性能，通过剪切流变试验可对沥青胶浆的剪切模量、相位角、车辙因子等多方面进行研究，从而分析沥青胶浆的路用性能。

1. 复合剪切模量

通过频率扫描可获取沥青的复合剪切模量（G^*）等数据，发现 G^* 随 rGFRP 碎片掺量和长度的增加而显著增大，说明 rGFRP 碎片能大大提高沥青的刚度、改善沥青抗变形能力；而 rGFRP 纤维越长，桥接效应和拉拔能力就越强，从而提高了其抗车辙性。

5％BL 增强沥青的 G^* 最高，其次是 5％AL 和 5％CL 增强沥青，说明 rGFRP 纤维的直径和长度是影响纤维增强沥青效果的重要因素。小直径、大长度 rGFRP 纤维更容易在沥青基体中形成相互连接的纤维网络，促进了 rGFRP 碎片和沥青之间连续结构的形成。

2. 车辙参数

另外，探究三类小尺寸 rGFRP 碎片（AS、BS 和 CS）对沥青车辙参数（$G^*/\sin\delta$）的影响规律，如图 6-2 所示。除添加 1％和 5％的 CS 和 CL 外，其余 rGFRP 碎片沥青样品的 $G^*/\sin\delta$ 均显著提高，说明 rGFRP 碎片可以提高沥青抗车辙能力。这是由于 rG-FRP 纤维形成网络结构，在荷载作用下与沥青逐渐相互作用，形成延伸的支撑结构，可提高沥青的抗车辙性能；更长、更粗的 rGFRP 纤维（如 AL）可提供多重加固和桥接，抗车辙性能提高更显著。

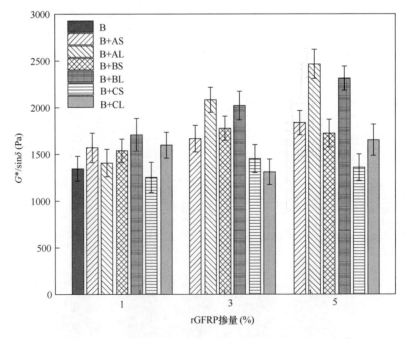

图 6-2　不同掺量 rGFRP 碎片沥青复合材料 $G^*/\sin\delta$ [157]

随着 AL 和 BL 纤维含量的增加，沥青的 $G^*/\sin\delta$ 显著提高，CS 纤维含量的增加则降低了沥青的 $G^*/\sin\delta$。AS 增强沥青、BS 增强沥青和 CS 增强沥青的 $G^*/\sin\delta$ 值随 rG-FRP 碎片含量的增加呈现先增加后降低的趋势。掺有 1% CS 和 5% CL 样品 $G^*/\sin\delta$ 低于对照沥青，可能是由于 CS 直径较小、长度较短、分散性较差；而 CL 虽然直径较小，长度却较大。当掺量达到 5% 时，相同 CS 含量的单位体积纤维较多，纤维分布密度较高，则 CS 沥青的 $G^*/\sin\delta$ 较高。

3. 蠕变恢复行为

基于对沥青蠕变恢复行为的研究，我们测得各组沥青的不可恢复蠕变柔量（J_{nr}）与蠕变恢复率（R），分别用来表征沥青抵抗永久变形性能和弹性恢复性能。如图 6-3 所示，随着 rGFRP 碎片掺量增加，R 值增大，J_{nr} 值降低，说明 rGFRP 碎片对沥青抗车辙性和弹性有积极影响。这种观察可能是由于 rGFRP 碎片增加到最佳掺量，提高了沥青硬度，提供了更好的增强效果。

在三个恢复应力水平下，rGFRP 碎片可以显著提高 R 值，而 J_{nr} 值表现出相反的趋势（图 6-3），说明 rGFRP 碎片大大提高了沥青在高温下的弹性和稳定性。根据 Tang-Wang 的理论，应力将从沥青向模量更高的 rGFRP 碎片转移，从而显著提高了复合材料的模量。与 rGFRP 碎片沥青相比，对照沥青在应力下表现出更薄的胶束吸收层和更松散的胶体结构，而碎片的掺入和分散形成三维网络，限制了胶体结构的破坏，有利于固体网络的交联，从而增强了沥青的弹性。

添加 5% AL 的 rGFRP 碎片沥青在三个水平下的 R 值最高，J_{nr} 值最低，具有最佳的沥青抗车辙性和弹性，与车辙参数结果一致。这是因为 AL 具有最大直径和最长尺寸，其加入有利于沥青实现多种补强和桥接功能，能够传递沥青中存在的应力，减小剪切变形，从而显著提高沥青的弹性。

由于 BL 纤维有着较小直径（0.25～0.5mm）和较长尺寸（10～12mm），是最高的长径比，有利于形成连续的网状结构，增强骨架结构抗剪力，可显著提高沥青的弹性。相比之下，1% BS 和 5% CS 的混合物性能较差，原因是较小的直径和较短的长度抑制了纤维的相互作用，只能作为分散材料。

结果表明，添加 5% AL 和 5% BL 的沥青具有较好的流变性能、抗车辙性能和蠕变恢复性能，而添加 3% AL 和 5% CL 的沥青具有较好的蠕变恢复性能。在接下来的分析中，使用了 3% AL、5% AL、5% BL 和 5% CL 增强的沥青样品，并与对照沥青进行了比较。

6.2.4 回收玻璃钢碎片对沥青混合料低温性能的影响

1. 低温蠕变刚度和蠕变速率

进行 rGFRP 碎片沥青的弯曲梁流变仪（BBR）试验，得到 −10℃，−16℃ 和 −25℃ 下的蠕变刚度模量（S）和蠕变速率（m），如图 6-4 所示。加入 rGFRP 碎片后，沥青 S 显著增加、m 值降低；随着温度的降低，S 值增大、m 值减小。当温度下降时，rGFRP 碎片沥青复合材料相对于纯沥青的热应力水平更高，应力松弛程度更小，由此降低了沥青的低温抗裂性。

通过 BBR 试验还可以发现，rGFRP 碎片沥青复合材料在 −10℃ 和 −16℃ 均满足标准

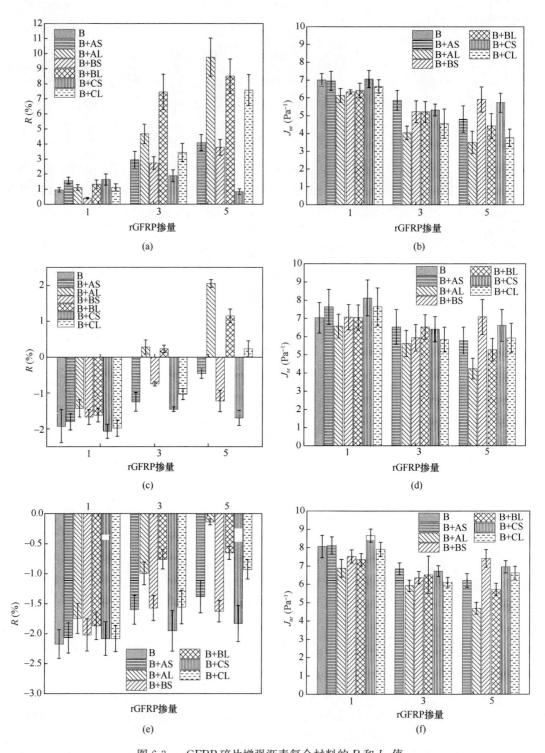

图 6-3　rGFRP 碎片增强沥青复合材料的 R 和 J_{nr} 值

(a) 0.1kPa R；(b) 0.1kPa J_{nr}；(c) 1.6kPa R；(d) 1.6kPa J_{nr}；(e) 3.2kPa R；(f) 3.2kPa J_{nr}

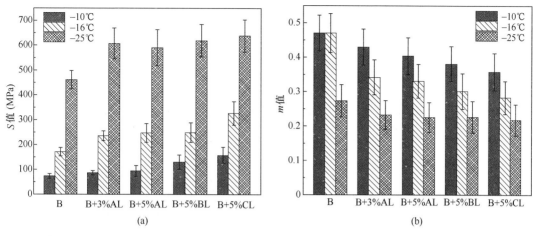

图 6-4 rGFRP 碎片沥青复合材料的低温性能
(a) 蠕变刚度模量（S）；(b) 蠕变速率（m）

要求（$S \leqslant 300$MPa，$m \geqslant 0.300$），除 5%CL 增强沥青外，其他组 m 值均大于 0.300。然而，当温度为 -25℃时，rGFRP 碎片增强沥青复合材料的 S 值大于 300MPa、m 值小于 0.300，说明温度在 -25℃以上时使用 rGFRP 碎片可增强沥青低温性能。

2. 断裂韧性

通过单边切口梁法试验（SENB）测得低温下 5% AL rGFRP 碎片沥青断裂韧性，表征低温开裂性能。对照沥青的断裂挠度随着温度的降低而减小；5%AL 增强沥青的变化趋势恰恰相反，说明 rGFRP 碎片能够改善沥青低温变形性能，环境温度越低，变形性能越好。

如图 6-5 所示，掺入 rGFRP 碎片后，CF 显著增加，随温度降低，CF 增大，在 -30℃达到了初始值的 28 倍，提了沥青的低温抗裂性能。温度越低，抗裂性越高。这是因为 rGFRP 碎片具有较好的耐低温性和抗弯性，能够在低温下传递已有的弯曲应力，并能在压裂过程中吸收应变能。然而，BBR 和 SENB 的试验结果相互矛盾，可能是因为

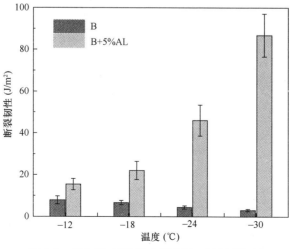

图 6-5 5% AL 增强沥青单边断口梁断裂韧性

BBR 试验不能有效评价 rGFRP 碎片沥青复合材料作为一种新型复合材料的低温性能。

直径大（0.25～0.71 mm）、质量分数高（5%）的 rGFRP 碎片沥青复合材料的抗车辙性能和低温开裂性能有改善作用。因此，无论是高温地区还是低温地区，都推荐使用 rGFRP 碎片作为沥青的增强材料，还可减少环境负担、降低材料成本。

6.3 废弃风机叶片回收纤维－粉末增强沥青混合料

6.3.1 原材料与试验方案

作者团队通过机械粉碎废旧风机叶片取得 rGFRP 纤维与粉末的混合料，分选出 0.075mm 以下的粉末部分和 0.075mm 以上的纤维部分。通过高温车辙试验、低温小梁弯曲试验、浸水马歇尔稳定度试验，分别研究粉末掺量和纤维掺量对 AC20 沥青混合料高、低温性能的影响。

本研究过程中使用 SBS 改性沥青，指标如表 6-4 所示。

表 6-4　试验用沥青三大指标

沥青种类	针入度（25℃，100g，5s）1/10mm	延度（5℃，5cm/min）（cm）	延度（15℃，5cm/min）（cm）	软化点（℃）
SBS 改性沥青（1-D）	67.0	32.0	>100	75.0

考虑到实际应用，选用 AC20 级配作为沥青混合料的试验级配，根据试验规范计算调整级配，如表 6-5 所示。

表 6-5　试验用沥青混合料级配

筛孔尺寸（mm）	9.5	4.75	2.36	1.18	0.6	0.3	0.075	0.01	底部
通过百分率（%）	100	79.30	42.16	25.99	19.64	9.39	4.92	2.71	0

对 rGFRP 粉末进行了热重试验分析，检测其高温稳定性，结果如图 6-6 所示。试验

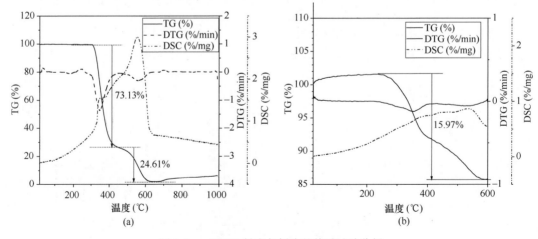

图 6-6　rGFRP 粉末与树脂的热重试验分析
（a）rGFRP 粉末；（b）树脂

结果表明，rGFRP 粉末可以在 200℃以内保持化学性质稳定，满足在沥青混合料中使用的条件。

6.3.2 回收玻璃钢粉末对沥青混合料的增强作用

使用 5%、10%、15%质量掺量的 rGFRP 粉末制备沥青混合料，分别对比了这三组沥青混合料与无粉末混合料的抗车辙性能、低温抗弯性能与浸水稳定性。

1. 抗车辙性能

使用车辙仪进行高温车辙试验测得动稳定度，如表 6-6 所示。

表 6-6 rGFRP 粉末增强沥青混合料动稳定度

沥青混合料编号	动稳定度（次）	
	平均值	标准差
GXP-0	2963.12	0.058
GXP-5%	3286.43	0.045
GXP-10%	3519.55	0.047
GXP-15%	3042.13	0.064

当 rGFRP 粉末掺量小于 10%时，沥青混合料的动稳定度随着粉末掺量增多逐渐提高；当 rGFRP 粉末掺量大于 15%时，动稳定度降低，但仍比无粉末组高。说明 rGFRP 粉末对沥青混合料高温抗车辙性能有明显增强作用，最佳掺量应在 10%～15%之间。

如图 6-7 所示，rGFRP 粉末呈颗粒与棒状微观结构，但两种形态比例并不均匀。当 rGFRP 粉末替代矿粉加入胶浆后，部分粉末可与改性沥青产生缠结作用以增强沥青胶浆性能；然而当掺量过高，粉末可能会在混合料中发生团聚，减弱其对沥青胶浆的增强作用。

图 6-7 rGFRP 粉末微观电镜照片

2. 低温抗弯性能

使用万能试验机进行小梁弯曲试验，得出结果如表 6-7 所示。

表 6-7 rGFRP 粉末增强沥青混合料小梁弯曲性能

沥青混合料编号	抗弯拉强度（MPa）	最大弯拉应变（$10^6 \mu\varepsilon$）	弯曲劲度模量（MPa）
GXP-0	8.40	2310.00	3679.39
GXP-5%	8.07	2546.25	3581.55
GXP-10%	8.49	2499.00	3489.27
GXP-15%	10.35	2498.48	4135.07

如表 6-7 所示，加入掺量为 5% rGFRP 粉末时，沥青混合料的抗弯拉强度有少量下降，但其弯拉应变相较于一般改性沥青有明显提升；随着掺量增加，抗弯拉强度逐渐提高，最大弯拉应变变化不大，当掺量达到 15% 时强度和应变最高。由此说明，加入 rG-FRP 粉末可以明显提升沥青混合料的低温抗裂性能。

3. 浸水稳定性

通过马歇尔稳定度试验，测定各组 rGFRP 粉末沥青混合料的标准马歇尔稳定度、浸水马歇尔稳定度以及残留稳定度，如表 6-8 所示。

表 6-8　rGFRP 粉末增强沥青混合料的浸水马歇尔稳定度

沥青混合料编号	标准马氏稳定度 （kN）	浸水马氏稳定度 （kN）	残留稳定度 （%）
GXP-0	15.68	14.74	94.00
GXP-5%	14.36	12.82	89.27
GXP-10%	15.32	14.41	94.06
GXP-15%	13.26	11.89	89.67

可以看出，掺入 rGFRP 粉末后，沥青混合料浸水稳定性有不同程度下降，其中掺入 5% 时有较为明显降低，但随着粉末掺入量的增加，沥青混合料的浸水稳定性有所回升。这是由于替代矿粉后，rGFRP 粉末仍能在沥青混合料整体系统中稳定存在，故掺量增大后对沥青混合料的浸水稳定性影响较小。

4. rGFRP 粉末增强机理分析

通过动态剪切流变仪对 rGFRP 粉末沥青胶浆的性能进行表征，探究 rGFRP 对沥青混合料的增强机理。对掺有 0%、5%、10%、15%（质量分数）粉末的沥青胶浆进行频率扫描，4 种掺量胶浆的复合剪切模量为 5%＞10%＞15%＞0%。掺入粉末后沥青胶浆抗变形性能有所提高，其中 5% 掺量的胶浆抗变形性能最强。这是由于 rGFRP 粉末与改性沥青的网状结构发生缠结作用，使胶浆整体更趋于稳定，但是这种作用随着粉末掺量增加有所下降。

通过相位角主曲线可知，rGFRP 粉末沥青胶浆在不同温度段黏弹性比例变化规律一致，随温度升高黏性比例迅速降低、弹性比例增加，5% 掺量的黏性比例最高，10% 掺量的黏性比例最低，曲线趋势随温度变化较为平缓。因此，掺 5% rGFRP 粉末沥青胶浆虽然有较强的抗变形能力，但在不同温段下性能差异较为明显，而掺有 10% rGFRP 粉末沥青胶浆具有更稳定的抗变形性能。

6.3.3　回收玻璃钢纤维对沥青混合料的增强作用

使用掺加 0.1%、0.2%、0.3%（质量分数）的 rGFRP 纤维制备沥青混合料，测试其抗车辙性能、低温抗弯性能与浸水稳定性并与无纤维组对比。

1. 抗车辙性能

对 rGFRP 纤维增强沥青混合料进行高温车辙试验，动稳定度如表 6-9 所示。

表 6-9　纤维增强沥青混合料的高温车辙试验结果

沥青混合料编号	动稳定度（次/mm）	
	平均值	标准差系数
GXF-0	2963.12	0.058
GXF-0.1%	2885.39	0.057
GXF-0.2%	3399.86	0.064
GXF-0.3%	5674.42	0.038

随着 rGFRP 纤维掺量增加，沥青混合料的动态稳定度有明显提升，说明 rGFRP 纤维可显著提升沥青混合料的高温抗永久变形性能。rGFRP 纤维表面较为粗糙、刚度较高，且尺寸从 10mm 到 0.075mm 以下分布范围较广，在沥青混合料中不仅增大了沥青与骨料之间的摩擦力，还在胶结料变形过程中起到了桥接作用，改善了沥青混合料的高温抗变形性能。

2. 低温抗弯性能

如表 6-10 所示，加入 0.1% rGFRP 纤维沥青混合料抗弯拉强度会有少量提升，但随着纤维掺量继续增加，抗弯拉强度逐渐降低，但是弯拉应变规律相反。考虑到 rGFRP 纤维较高的抗拉强度和刚度，其对沥青混合料能够起到显著的增强增韧效果，如果加筋可有效提高其低温抗裂性能。

表 6-10　rGFRP 纤维增强沥青混合料低温抗弯性能

沥青混合料编号	抗弯拉强度（MPa）	最大弯拉应变（$10^6 \mu\varepsilon$）	弯曲劲度模量（MPa）
GXF-0	8.40	2310.00	3679.39
GXF-5%	8.63	1836.45	4704.58
GXF-10%	8.20	2388.75	3464.17
GXF-15%	7.14	2961.47	2411.13

通过以上试验结果可知，rGFRP 纤维增强沥青混合料与粉末增强沥青混合料的低温抗裂性能变化趋势相反，说明两种材料增强效果与机理各不相同，同时添加有优势互补的可能。

3. 浸水稳定性

使用马歇尔稳定度测定仪进行浸水马歇尔试验，得出结果如表 6-11 所示。

表 6-11　rGFRP 粉末增强沥青混合料的浸水马歇尔稳定度

沥青混合料编号	标准马氏稳定度（kN）	浸水马氏稳定度（kN）	残留稳定度（%）
GXF-0	15.68	14.74	94.00
GXF-5%	11.49	10.39	90.43
GXF-10%	16.55	13.34	80.60
GXF-15%	17.42	12.25	70.32

沥青混合料残留稳定度在加入 rGFRP 纤维后明显下降，且随纤维掺量增加而下降，说明 rGFRP 纤维对沥青混合料的水稳定性会产生负面影响，可能是由于纤维表面主要成

分为环氧树脂，其与沥青黏合效果不佳，导致沥青混合料极易受浸水环境影响，应用时可对纤维进行预处理，提升纤维与沥青的粘结力。

6.4 回收玻璃钢纤维加筋固化淤泥的路用性能

6.4.1 原材料与试验方案

本研究利用 rGFRP 纤维作为纤维筋，分别研究地聚物加筋固化淤泥和水泥加筋固化淤泥的力学性能，建立承载力评估模型，用于实际配合比设计。通过对 rGFRP 纤维加筋地聚物和水泥固化淤泥的碳足迹和成本进行计算和比较，为其在工程实践应用提供综合的试验与分析基础。

6.4.2 回收玻璃钢纤维固化淤泥力学性能

试验使用普通池塘淤泥，将获得的土样烘干、粉碎并筛选。样品制备以 P·O 42.5 水泥和粉煤灰-矿渣基地聚物作为固化胶凝材料。制备粉煤灰-矿渣基地聚物的 Si/Al、Na/Al 摩尔比分别采用 2.6 和 0.8。

采用 10％水泥、15％地聚物固化淤泥，样品名称分别为 "SC10" 和 "SG15"，分别掺入 1％、9％ rGFRP 纤维进行增强，样品名称分别为 "SC10-F 纤维掺量" 和 "SG15-F 纤维掺量"，对照组为未用胶凝材料的击实淤泥试件，样品名称为 "S"。

1. 抗压强度

对养护 28d 不同 rGFRP 纤维的 10％水泥、15％地聚物固化淤泥进行无侧限抗压试验，应力-应变曲线如图 6-8（a）和（b）所示。不加 rGFRP 纤维 SC10、SG15 试样表现为脆性破坏。无论是水泥还是地聚物，rGFRP 纤维加筋固化淤泥强度随着纤维掺量增加而提高，破坏应变逐渐增大，峰后强度损失逐渐下降。

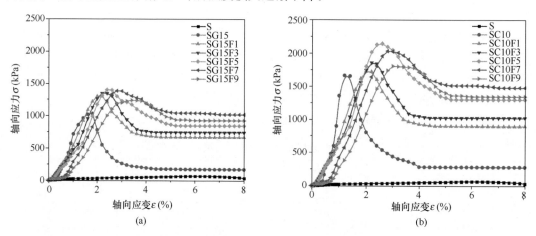

图 6-8 不同 rGFRP 纤维掺量水泥固化淤泥和地聚物固化淤泥应力-应变曲线
（a）水泥固化淤泥；（b）地聚物固化淤泥

如图 6-9 所示，水泥和地聚物加筋固化土的无侧限抗压强度随 rGFRP 纤维掺量增加

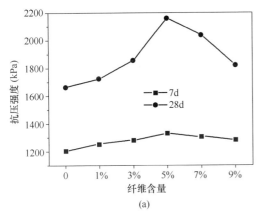
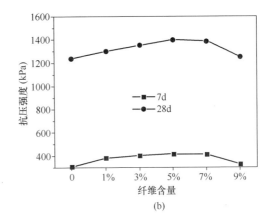

图 6-9　不同掺量 rGFRP 纤维水泥固化淤泥和地聚物固化淤泥无侧限抗压强度
（a）水泥固化淤泥；（b）地聚物固化淤泥

先增加后降低，最优掺量为 5%。掺量大于 5% 后，固化淤泥强度降低可能是由于 rGFRP 纤维过多，导致结团，形成淤泥土局部缺陷，如图 6-10 所示。随着养护龄期的增长，固化淤泥的强度均有所提高，纤维掺量增加对后期强度增长具备有利影响。当纤维掺量为 5% 时，水泥和地聚物固化淤泥的 28d 强度比 7d 强度分别提高了 62% 和 211%。

2. 劈裂强度

由图 6-11 可以得出，未固化淤泥击实后养护 7d 和 28d 后的劈裂强度没有明显变化。胶凝材料固化淤泥，劈裂强度随养护

图 6-10　rGFRP 纤维加筋水泥固化
淤泥试样中纤维团聚现象

时间均有明显提升，加入 rGFRP 纤维后提升更显著。rGFRP 纤维加筋水泥和地聚物固化土劈裂强度随纤维掺量增加逐渐提高，当纤维掺量从 0 增长至 5% 时，劈裂强度提高了 41%～85%。这说明 rGFRP 纤维为土体提供桥接作用，避免其结构在受力后立即崩解，提高了作为路基土的抗变形能力。

3. rGFRP 纤维加筋固化淤泥的强度估测

基于公式（6-1）和试验数据对固化土随纤维掺量和养护时间的变化分别做强度估测模型，如图 6-12（a）和（b）所示。对于强度随纤维掺量、养护时间变化拟合的相关系数 R^2 在 0.95～0.99 之间，说明该模型能够较为准确地反映和预测固化土随纤维掺量和时间的变化规律。

$$\frac{1+\cos\theta}{2}\frac{\gamma_l}{\sqrt{\gamma_l^d}}=\sqrt{\gamma_s^p}\times\sqrt{\frac{\gamma_l^p}{\gamma_l^d}}+\sqrt{\gamma_s^d} \tag{6-1}$$

地聚物纤维 7d 和 28d 无侧限抗压强度均随纤维掺量的增加而提高，与纤维加筋水泥固化淤泥土的强度增长规律相似[158]。纤维掺量在 1%～3% 范围时，强度变化趋于稳定，

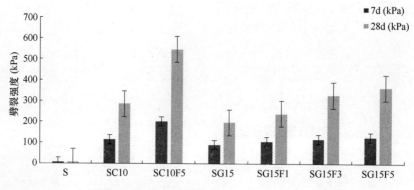

图 6-11　rGFRP 纤维加筋固化淤泥的 7d 和 28d 后的劈裂强度

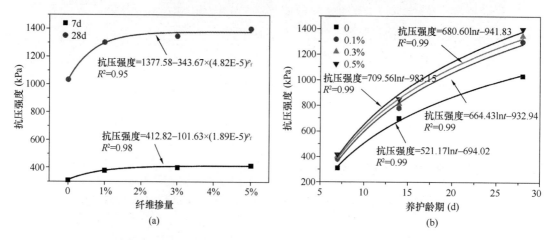

图 6-12　rGFRP 纤维增强地聚合物固化淤泥的 UCS 预测模型

（a）纤维含量对强度影响；（b）养护时间对强度影响

分别约为 400kPa 和 1300kPa，rGFRP 纤维在地聚物加筋固化淤泥中的最佳掺量不超过 3％。按照图 6-12（b）的预测曲线，无论纤维掺量多少，该固化土的无侧限抗压强度随养护时间持续增长，并表现出 28d 后继续增长的趋势。

4. 固化机理

为了探究 rGFRP 纤维增强内在机理，通过扫描电镜试验分析了纤维加筋前后固化淤泥土微观结构特性。图 6-13 为 15％地聚物固化淤泥、rGFRP 纤维掺量为 5％的 SEM 图。

如图 6-13（b）和（c）所示，淤泥破坏后单根 rGFRP 纤维一部分在土体中，一部分在外部，说明纤维在受力过程中以脱出的破坏方式为主。当受到荷载时，固化淤泥颗粒受到压密，与纤维接触更加紧密。由于二者的弹性模量不同，导致纤维和土颗粒之间会有相对滑动的趋势，产生界面静摩擦力，限制纤维相对于土颗粒滑移，从而使纤维将承受拉力分担部分外部荷载。

如图 6-13（d）所示，rGFRP 纤维表面凹凸不平，增加了土体对其的握裹力，提高了纤维与土体界面相对摩阻力，rGFRP 纤维刚度较普通合成纤维高，能够较为均匀地分布于土体中，且表面黏附胶凝反应产物，有助于分担外部荷载，使材料在受压初步破坏时不马上断裂，提高淤泥残余抗压强度和劈裂强度。

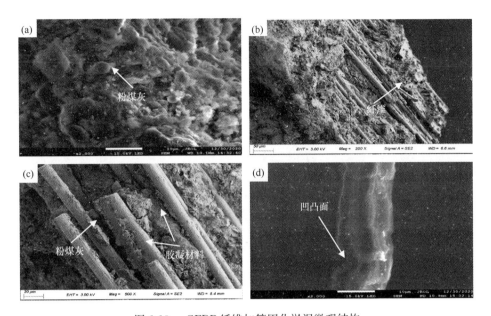

图 6-13　rGFRP 纤维加筋固化淤泥微观结构

（a）无纤维地聚物固化淤泥；（b）5％rGFRP 纤维地聚物固化淤泥放大 200 倍；

（c）5％rGFRP 纤维地聚物固化淤泥放大 500 倍；（d）淤泥中的 rGFRP 纤维

6.4.3　回收玻璃钢纤维加筋固化淤泥经济与环境效益

为明确 rGFRP 纤维固化淤泥中带来的经济效益和社会效益，基于试验材料和结果对胶凝材料和加筋固化淤泥的成本和碳排放进行了计算与分析。

如图 6-14 和图 6-15 所示，固化 1t 淤泥土地聚物较水泥成本降低约 75％；淤泥抗压强度达到 1MPa，使用掺有 5％ rGFRP 纤维的地聚物成本较水泥降低约 45％，并且成本随 rGFRP 纤维掺量增加而逐渐降低。这说明，使用固废原材料为主的地聚物和 rGFRP 纤维都可以降低固化淤泥的成本，并且由于 rGFRP 纤维可以显著提高淤泥的强度，故可进一步提高固化胶凝材料的经济效益。

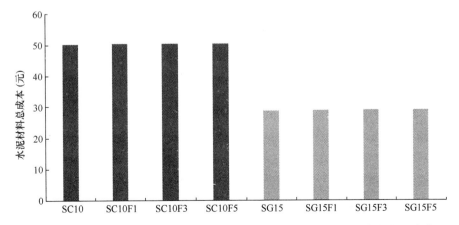

图 6-14　不同 rGFRP 纤维掺量的水泥和地聚物固化 1t 淤泥土时胶凝材料的成本

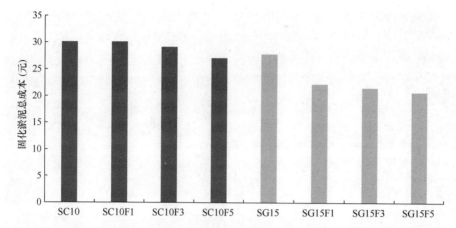

图 6-15　不同 rGFRP 纤维掺量水泥和地聚物固化淤泥试样单位强度（1MPa）胶凝材料成本

不掺加纤维地聚物固化淤泥碳足迹较水泥降低约 83％；掺加 5％rGFRP 纤维地聚物固化淤泥碳足迹较水泥降低约 122％，如图 6-16 所示。相比于成本，使用固废基材料碳排放降低更为显著，且加入 rGFRP 纤维会进一步降低碳排放量，证明掺入 rGFRP 纤维对任意一种胶凝材料固化淤泥的工程应用、经济性和环境效益方面具有显著效益。

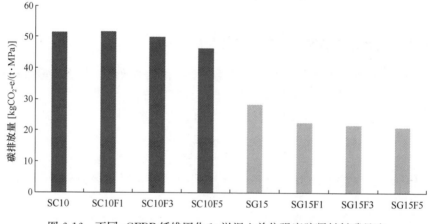

图 6-16　不同 rGFRP 纤维固化 1t 淤泥土单位强度胶凝材料碳足迹

6.5　小结

目前，rGFRP 材料于道路材料中资源化利用的研究还较少，但是道路材料巨大的市场和对材料较高的兼容性为 rGFRP 的使用提供了巨大的空间。通过在沥青混合料和路基材料中的探索性研究，我们发现通过合理设计，rGFRP 材料对道路材料的性能有积极作用，主要结论如下：

（1）直径大、长度大的 rGFRP 纤维对沥青混合料的抗车辙性能、低温抗裂性能有较为显著的改善作用，无论是高温还是低温地区，都可以利用 rGFRP 纤维作为增韧材料，但是应注意对回收料的筛选和配比设计，因为单独使用尺寸较小或掺量过高的碎片对性能改善不显著，甚至对性能不利。

（2）同时将 rGFRP 纤维作为增韧纤维掺入混合料、rGFRP 粉末替代部分矿粉掺入胶浆，可大幅改善沥青混合料的高温抗车辙性能和低温抗裂性能，这种多尺度协同增韧技术的开发扩展了沥青混合料高低温性能改善的新思路，并且为大量处置废弃玻璃钢材料提供了新途径。但是，必须明确 rGFRP 掺量较高情况下沥青混合料的耐久性，才能更好地加以利用。

（3）将 rGFRP 作为加筋，协同水泥、地聚物等胶凝材料固化淤泥，可显著改善淤泥的承载力和抗变形性能，满足道路路基的路用性能要求，且可以显著提高固化淤泥路基土和废弃玻璃钢再生利用的经济效益和环境效益。

7 废弃玻璃钢回收利用技术展望

随着未来风机叶片、车辆外壳、船舶外壳等材料大量退役，玻璃钢废弃物量将迅速增大。如何变废为宝，实现整体消纳给我们提出了巨大挑战。目前，从玻纤、树脂和玻璃钢制品生产企业、高校、科研院所到相关协会和政府部门都加大了对废弃玻璃钢处置的关注度，废弃玻璃钢回收再利用具有广阔的前景。

对于玻璃钢固体废弃物，应该采用生命周期评估的方法实现从生产、应用、退役、处置、综合利用全寿命过程的闭环，由产废单位与回收处置单位、综合利用单位组成利益共同体，降低过程成本，实现废弃玻璃钢材料的资源化利用，产生新的效益价值，如图7-1所示。

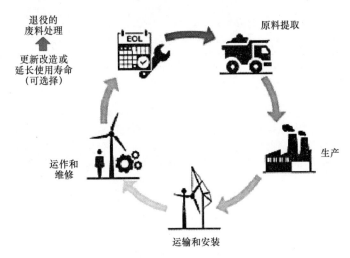

图 7-1 废弃风机叶片生命周期评估

7.1 生产技术

7.1.1 热塑性玻璃钢

从玻纤制品研发角度看，将回收再生加入到产品的设计中已成为一种发展趋势。此外，玻璃纤维增强热塑料近年来一直以快于热固性玻璃钢的发展速度在发展，最近美国道化学公司采用一种工程热塑料聚氨酯与玻纤经过拉挤制成强度、韧性、抗损伤性能均很优良的型材，道化学公司认为这种新型复合材料可与聚酯玻璃钢竞争。

7.1.2 可再生树脂

大多数树脂是由不可再生的石油基苯酚和甲醛合成的，对环境和人类健康有不利影响。利用可再生资源替代日益枯竭的石油资源，提高树脂的性能，降低树脂的生产成本，合成可降解或易降解的绿色树脂对玻璃钢产业发展意义重大。在制备可再生树脂时需从原材料选取、产品制备、使用或再循环利用及废料处理等环节综合考虑，以生产对人类环境负荷最小并有利于人类健康的树脂材料。

7.2 回收技术

7.2.1 加强分类回收

（1）边角料和退役产品分别回收

对上述几章总结发现，不同种类的废弃物对复合材料、混凝土和沥青混合料等性能的影响均具有较大差异，这是因为废旧玻璃钢材料制品的使用范围广泛，具有较高的多样性和复杂性，因此为减少后续处理时间和经济成本，需在物理破碎前对其进行分类。可将废弃玻璃钢分成边角料和退役产品两类，然后再根据不同产品的性质和性能再次进行分类。

（a）　　　　　　　　　　　　　　（b）

图 7-2　工业废弃玻璃钢分类
（a）边角料；（b）退役产品

（2）退役产品分类回收

通过复合材料行业的产量统计，中国玻璃纤维工业协会/中国复合材料工业协会（原中国玻璃钢工业协会）提供的历年可考数据显示，截至 2020 年，我国热固性复合材料累计产量已经超过了 4164.89 万吨，服役到期复合材料报废产品约 600 万吨，以后逐年增加，预测到 2030 年，将会超过 3000 万吨。这些报废产品若不加处理，不仅会占用大量土地，污染环境，还会限制玻璃钢企业的发展。而退役产品由于应用场景、服役时间等不尽相同，需根据其性质进行分类，然后根据不同材料采用不同回收技术，开展多种高值化综合利用。风机叶片分类切割如图 7-3 所示，风机叶片拆解流程如图 7-4 所示。

7.2.2 优化回收方法

经过 30 余年的国内外研究，人们已经开发出多种废弃工业玻璃钢的回收方法，化学法和流化床法是最有希望实现各组分分离回收、分别利用的方法，然而这些方法目前仍处于试验室阶段。热解法在理论上也可以分离树脂和玻璃纤维，但是适当的工艺温度、流程

(a) 退役叶片　　　　　　　　　　　(b) 切割截面

(c) 叶根　　　　　　　　　　　　　(d) 叶尖

图 7-3　风机叶片分类切割

（a）退役叶片；（b）切割截面；（c）叶根；（d）叶尖

参数、控制时间等基本回收条件还需要进一步完善。虽然物理破碎回收方法已经实现批量化的处理，但是回收的材料在几何形态、尺寸、性能方面都存在较大差异，且尚缺乏成熟有效的控制方法。因此，物理回收的玻璃钢材料还需要进一步优化才能实现其高值化、高性能化的利用。表 7-1 总结了目前复合材料的回收技术现状。

表 7-1　复合材料回收技术现状[56]

回收方法	回收过程	现有水平
生物技术方法	利用微生物降解基体	试验室水平，应用较少
化学法	利用水、乙醇、酸等试剂在高温高压下分解基体化学键	多为试验室级别的碳纤维回收
	超临界水解	松下电工有限公司应用于试点平台
电化学法	利用电解液相复合材料基体通电流降解	试验室水平，应用较少
流化床法	利用流化空气在特定温度下降解基体	试点平台
高压破碎法	利用高压通过等离子通道制造压力波在水中破碎材料	试验室水平和试点平台水平
机械回收法	降低材料尺寸并分离成粉末和纤维	商业化水平，应用前景广泛
微波热解	利用微波在惰性保护气中加热分解基体	试验室级别
热解	利用加热炉在惰性保护气中加热分解基体	英国 ELG 和德国的 CFK 谷体育场具备商业级别的工业化过程

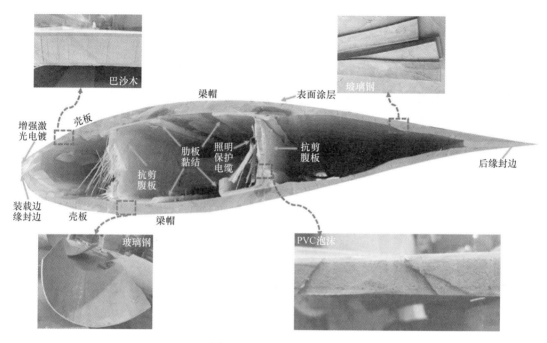

图 7-4　风机叶片拆解图

7.3　利用技术

7.3.1　玻璃纤维增强混凝土（GRC）装饰构件

　　将物理回收的玻璃钢应用于建筑材料中是目前最易实现产业化的方向。玻璃纤维增强混凝土（GRC）板材是一种由几毫米到几厘米厚的装饰混凝土，与 10～30mm 厚的玻璃纤维增强混凝土，在终凝前通过湿作业复合，兼具装饰性和强度的轻体混凝土薄板。作为可饰面的板材，GRC 通过进一步加工，可获得仿矿石、仿木、金属等不同质感。但是，rGFRP 纤维的耐碱性、rGFRP 纤维增强水泥基材料的增韧机理和力学性能优化以及标准化急需解决。

　　我国建筑材料巨大，商品混凝土年产量约为 25.5 亿 m³，作为砂石骨料的替代材料，按照预计的 2030 年废弃玻璃钢掺量 300 万吨，商品混凝土即可完全消纳。然而，作为砂石骨料不能完全利用再生玻璃钢纤维等材料的剩余力学性能，再生价值偏低。将再生玻璃钢纤维进行分离、分类，作为纤维应用于水泥基材料的增强增韧，开发高端的制品，如 GRC 装饰混凝土，既可以满足大量消纳的需求，充分利用材料的力学性能，又可以实现再生材料的高值化利用。但是，rGFRP 纤维对于混凝土抗拉性能、抗裂性能、抗冲击性能等的影响和优化作用还需要深入研究和开发。另外，要实现物理回收的废弃玻璃钢制品全回收，必须对其中的粉末、填料、杂质等进行针对性的技术开发，优化其在复合材料制品中的性能。

rGRC装饰墙板　　　　　　　　　　　rGRC混凝土家具

图 7-5　rGFRP 纤维 GRC 的应用

7.3.2　混凝土 3D 打印

混凝土 3D 打印技术是一种可实现非标准形状制造和材料低成本化的先进建造技术。3D 打印混凝土的优点主要是无需模具，能随意建造多样结构，针对任何形状均具有灵活性和适应性，坚固且能承重力强。3D 打印不仅可以有效减少房屋建筑的人力、物力等综合成本，还可以利用建筑垃圾和其他城市废弃物作为打印的原材料，有效改善城市环境。rGFRP 纤维在混凝土 3D 打印过程可以随挤出过程发生定向，显著提高混凝土力学性能，在房屋建筑、道路桥梁、地下工程等工程实际应用中存在巨大潜力和广阔发展前景。

图 7-6　河北工业大学 3D 打印步行桥

7.3.3　沥青混凝土

将物理回收的玻璃钢应用于道路材料中也是一个不错的方向，具有良好的经济、环境和社会效益。rGFRP 纤维本身具有高产量、抗磨损、抗折、耐热、粗糙表面等优势，且与改性沥青的网格结构形成缠结作用，粗糙表面可以增加材料的咬合力，在沥青混合料中应用 rGFRP 纤维可以有效提高其高低温性能。

目前国内外对该方面研究较少，rGFRP 纤维沥青混合料仍存在多种问题：回收料的筛选与分散；筛分后的改性处理；沥青混合料的沥青选择与级配选择；纤维在沥青混合料中的分散方法。上述问题都需要投入更多的资源对其进行研究与优化，而在沥青混合料中的应用，推动了玻璃钢废弃物的全回收和资源化利用，为解决当前资源困境与环境难题提供新方案。

参考文献

[1] AGOPYAN V，SAVASTANO H，JOHN V M，et al. Developments on vegetable fibre-cement based materials in São Paulo，Brazil：an overview[J]. Cement and Concrete Composites，2005，27（5）：527-536.

[2] 薛忠民，王占东，尹证. 中国工业复合材料发展回顾与展望[J]. 复合材料科学与工程，2021（6）：119-128.

[3] 汪泽霖. 玻璃钢原材料手册[M]. 北京：化学工业出版社，2015.

[4] 李力. 玻璃钢成型疑难分析[M]. 北京：化学工业出版社，2016.

[5] 复合材料社区. 玻璃钢的发展简史[EB]. https：//www. sohu. com/a/150918106 _ 656540[2017-06-2][2022-10-01].

[6] 薛忠民. 中国玻璃钢/复合材料发展回顾与展望[J]. 玻璃钢/复合材料，2015（1）：5-12.

[7] MAZZOLI A，MORICONI G. Particle size，size distribution and morphological evaluation of glass fiber reinforced plastic （GRP） industrial by-product.[J]. Micron，2014，67：169-178.

[8] 叶轶. 2019 年复合材料行业状况报告[J]. 玻璃纤维，2019（1）：40-45.

[9] 汪泽霖. 树脂基复合材料成型工艺读本[M]. 北京：化学工业出版社，2017.

[10] HONG S H，YUAN T F，CHOI J S，et al. Effects of steel making slag and moisture on electrical properties of concrete[J]. Materials，2020. 13（12）. 2675.

[11] 杜尊峰，吴俊凌. 废旧玻璃钢渔船的绿色拆解与回收利用[J]. 渔业现代化，2020，47（5）：82-88.

[12] 薛忠民. 中国复合材料/玻璃钢工业 50 年[J]. 玻璃钢/复合材料，2009（05），84-88.

[13] 宋继胜，周开文. 玻璃钢废弃物回收利用探析[J]. 浙江经济，2011，28（24）：51.

[14] WINDEUROPE，CEFIC，EUCIA. Accelerating wind turbine blade circularity [R]. 2020.

[15] YAZDANBAKHSH A，BANK L C. A critical review of research on reuse of mechanically recycled FRP production and end-of-life waste for construction[J]. Polymers，2014. 6（6），1810-1826.

[16] 张浩. 风电行业废玻璃钢资源化处置研究[J]. 再生资源与循环经济，2020，13（2）：38-40.

[17] DEHGHAN A，PETERSON K，SHVARZMAN A. Recycled glass fiber reinforced polymer additions to Portland cement concrete[J]. Construction and Building Materials，2017. 146，238-250.

[18] PICKERING S J. Recycling technologies for thermoset composite materials-current status[J]. Composites Part A：Applied Science and Manufacturing，2006. 37（8），1206-1215.

[19] 陈晓松，侯文顺. 废弃玻璃钢的资源化研究进展[J]. 热固性树脂，2012，27（5）：75-79.

[20] ASOKAN P，OSMANI M，PRICE A D F. Improvement of the mechanical properties of glass fibre reinforced plastic waste powder filled concrete[J]. Construction and Building Materials，2010，24（4）：448-460.

[21] ASTM. Standard test method for tensile properties of plastics：ASTM D638-14 [S]. 2014.

[22] 游敏，肖琴. 玻璃钢废弃物机械回收现状研究[J]. 资源再生，2020（6）：52-57.

[23] IWAYA T，TOKUNO S，SASAKI M，et al. Recycling of fiber reinforced plastics using depolymerization by solvothermal reaction with catalyst[J]. Journal of Materials Science，2007. 43（7），2452-2456.

[24] BEAUSON J，MADSEN B，TONCELLI C，et al. Recycling of shredded composites from wind tur-

bine blades in new thermoset polymer composites[J]. Composites Part A：Applied Science and Manufacturing，2016，90：390-399.

[25] LIU Y，MENG L，HUANG Y，et al. Recycling of carbon/epoxy composites[J]. Journal of Applied Polymer Science，2004. 94(5)，1912-1916.

[26] DEROSA R，TELFEYAN E，GAUSTAD G，et al. Strength and microscopic investigation of unsaturated polyester BMC reinforced with SMC-recyclate[J]. Journal of Thermoplastic Composite Materials，2016. 18(4)，333-349.

[27] PALMER J，GHITA O R，SAVAGA L，et al. Successful closed-loop recycling of thermoset composites[J]. Composites Part A：Applied Science and Manufacturing，2009. 40(4)，490-498.

[28] YANG Y，BOOM R，IRION B，et al. Recycling of composite materials[J]. Chemical Engineering and Processing：Process Intensification，2012. 51，53-68.

[29] 徐佳，孙超明．树脂基复合材料废弃物的回收利用技术[J]．玻璃钢/复合材料，2009(4)：100-103.

[30] NAHIL M A，WILLIAMS P T. Recycling of carbon fibre reinforced polymeric waste for the production of activated carbon fibres[J]. Journal of Analytical and Applied Pyrolysis，2011. 91(1). 67-75.

[31] PIMENTA S，PINHO S T. The effect of recycling on the mechanical response of carbon fibres and their composites [J]. Composite Structures，2012，94(12)：3669-3684.

[32] DUAN H，JIA W，LJ J. The recycling of comminuted glass-fiber-reinforced resin from electronic waste[J]. J Air Waste Manag Assoc，2010，60(5)：532-539.

[33] REFiber APS. We develop recycling technology for composites [EB/OL]. 2004. https：//www. refiber. com/technology. html.

[34] GHARDE S，KANDASUBRAMANIAN B. Mechanothermal and chemical recycling methodologies for the Fibre Feinforced Plastics (FRP) [J]. Environmental Technology & Innovation，2019，14.

[35] YAMADA K，TOMONAGA F，KAMIMURA A. Improved preparation of recycled polymers in chemical recycling of fiber-reinforced plastics and molding of test product using recycled polymers [J]. Journal of Material Cycles and Waste Management，2010，12，271-274.

[36] PICKERING S J，KELLY R M，KENNERLEY J R，et al. A fluidised-bed process for the recovery of glass fibres from scrap thermoset composites[J]. Composites science and technology，2000，60(4)：509-523.

[37] PICKERING S J. Recycling technologies for thermoset composite materials-current status[J]. Composites Part A：applied science and manufacturing，2006，37(8)，1206-1215.

[38] KENNERLEY J R，KELLY R M，FENWICK N J，et al. The characterization and reuse of glass fibres recycled from scrap composites by the action of a fluidized bed process [J]. Composites Part A：Applied Science and Manufacturing，1998，29(27).

[39] JIANG G，PICKERING S J，WALKER G S，et al. Surface characterisation of carbon fibre recycled using fluidised bed[J]. Applied Surface Science，2008. 254(9)，2588-2593.

[40] ZHENG Y，SHEN Z，MA S，et al. A novel approach to recycling of glass fibers from nonmetal materials of waste printed circuit boards[J]. Journal of Hazardous Materials，2009，170(2-3)：978-982.

[41] PENDER K，YANG L. Investigation of catalyzed thermal recycling for glass fiber-reinforced epoxy using fluidized bed process[J]. Polymer Composites，2019，40(9)：3510-3519.

[42] LEE S，KIM W S. Dissolution technology development of E-glass fiber for recycling waste of glass

fiber reinforced polymer[J]. Journal of the Korean Ceramic Society, 2019. 56(6), 577-582.

[43] 侯相林, 刘影, 邓天昇. 一种降解环氧树脂碳纤维复合材料的方法: CN103232615A[P], 2013-08-07.

[44] 邓天昇, 王玉琪, 侯相林. 一种降解回收热固性环氧树脂材料的方法: CN104672488A[P]. 2015-06-03.

[45] 雷蕊英, 齐锴亮. 热固性树脂基复合材料的化学回收方法及再利用现状[J]. 工程塑料应用, 2018, 46(11): 134-137.

[46] 张璐, 王海常, 李华, 等. 超临界流体回收碳纤维树脂复合材料[J]. 应用化学, 2020, 37(12): 1357-1363.

[47] PIÑ ERO-HERNANZ R, DODDS C, HYDE J, et al. Chemical recycling of carbon fibre reinforced composites in nearcritical and supercritical water[J]. Composites Part A: Applied Science and Manufacturing, 2008. 39(3), 454-461.

[48] OKAJIMA I, SAKO T. Recycling of carbon fiber-reinforced plastic using supercritical and subcritical fluids[J]. Journal of Material Cycles & Waste Management, 2017, 19(1): 15-20.

[49] 成焕波. 碳纤维/环氧复合材料的超临界流体回收机理及工艺研究[D]. 合肥: 合肥工业大学, 2016.

[50] 赵志培. 超临界水/醇混合流体回收 CF/EP 复合材料的工艺研究[D]. 合肥: 合肥工业大学, 2017.

[51] 李兰. 近临界水分解碳纤维/环氧复合材料层合板的试验研究[D]. 哈尔滨: 哈尔滨工业大学, 2011.

[52] SHI J, WADA S, KEMMOCHI K, et al. Development of recycling system for fiber-reinforced plastics by superheated steam[J]. Key Engineering Materials, 2011. 464, 414-418.

[53] SHI J, BAO L, KOBAYASHI R, et al. Reusing recycled fibers in high-value fiber-reinforced polymer composites: Improving bending strength by surface cleaning[J]. Composites Science and Technology, 2012. 72(11), 1298-1303.

[54] NAKAGAWA T, GOTO M. Recycling thermosetting polyester resin into functional polymer using subcritical water[J]. Polymer Degradation and Stability, 2015, 115: 16-23.

[55] LEE S H, CHOI H O, KIM J S, et al. Circulating flow reactor for recycling of carbon fiber from carbon fiber reinforced epoxy composite[J]. Korean Journal of Chemical Engineering, 2011, 28(2): 449-454.

[56] MATIVENGA P T, SHUAIB N A, HOWARTH J, et al. High voltage fragmentation and mechanical recycling of glass fibre thermoset composite[J]. CIRP Annals, 2016, 65(1): 45-48.

[57] 刁晓倩, 翁云宜, 付烨, 等. 生物降解塑料应用及性能评价方法综述[J]. 中国塑料, 2021, 35(08): 152-161.

[58] MORAES V T D, JERMOLOVICIUS L A, TENÓRIO J A S, et al. Microwave-assisted recycling process to recover fiber from fiberglass polyester composites[J]. Materials Research, 2020. 22 (suppl. 1).

[59] HAGNELL M K, ÅKERMO M. The economic and mechanical potential of closed loop material usage and recycling of fibre-reinforced composite materials[J]. Journal of Cleaner Production, 2019, 223: 957-968.

[60] SABĂ E, UDROIU R, BERE P, et al. A novel polymer concrete composite with GFRP waste: applications, morphology, and porosity characterization[J]. Applied Sciences, 2020. 10(6), 2060.

[61] HUANG H, PANG H, HUANG J, et al. Synthesis and characterization of ground glass fiber rein-

forced polyurethane-based polymer concrete as a cementitious runway repair material[J]. Construction and Building Materials, 2020, 242: 117221.

[62] MAMANPUSH S H, LI H, ENGLUND K, et al. Extruded Fiber-Reinforced Composites Manufactured from Recycled Wind Turbine Blade Material[J]. Waste and Biomass Valorization, 2019, 11 (7): 3853-3862.

[63] RAHIMIZADEH A, KALMAN J, FAYAZBAKHSH K, et al. Recycling of fiberglass wind turbine blades into reinforced filaments for use in Additive Manufacturing[J]. Composites Part B: Engineering, 2019, 175(10): 107101.1-107101.11.

[64] TITTARELLI F. Effect of low dosages of waste GRP dust on fresh and hardened properties of mortars: Part 2[J]. Construction and Building Materials, 2013. 47, 1539-1543.

[65] TITTARELLI F, MORICONI G. Use of GRP industrial by-products in cement based composites [J]. Cement and Concrete Composites, 2010. 32(3), 219-225.

[66] TITTARELLI F, SHAH S P. Effect of low dosages of waste GRP dust on fresh and hardened properties of mortars: Part 1[J]. Construction and Building Materials, 2013. 47, 1532-1538.

[67] 谢祥明, 谢彦辉, 石爱军. 大掺量高钙粉煤灰碾压混凝土安定性控制与性能研究[J]. 水力发电学报, 2008, (4): 111-115.

[68] FARINHA C B, DE BRITO J, VEIGA R. Assessment of glass fibre reinforced polymer waste reuse as filler in mortars[J]. Journal of Cleaner Production, 2019. 210, 1579-1594.

[69] NEMATOLLAHI B, VIJAY P, SANJAYAN J, et al. Effect of Polypropylene Fibre Addition on Properties of Geopolymers Made by 3D Printing for Digital Construction[J]. Materials, 2018, 11 (12): 2352.

[70] CORREIA J R, LIMA J S, DE BRITO J. Post-fire mechanical performance of concrete made with selected plastic waste aggregates[J]. Cement and concrete composites, 2014, 53, 187-199.

[71] NEMATOLLAHI B, VIJAY P, SANJAYAN J, et al. Effect of polypropylene fibre addition on properties of geopolymers made by 3D printing for digital construction [J]. Materials, 11 (12), 2352.

[72] ASTM. Standard specification for flow table for use in tests of hydraulic cement: ASTM C230 [S], 2014.

[73] ASTM. Standard specification for flow table for use in tests of hydraulic cement: ASTM C807 [S], 2021.

[74] KONDO R, UEDA S. Kinetics of hydration of cement, in the 5th international conference on the chemistry of cement [C]. Tokyo, Sess II-4, 1968: 203 – 208.

[75] KNUDSEN T. On particle size distribution in cement hydration [C]. Proceedings of 7th International Congress on the Chemistry of Cement. Vol I, Paris: 1980, 170.

[76] ZHANG M, ZHAO M, ZHANG G, et al. Reaction kinetics of red mud-fly ash based geopolymers: Effects of curing temperature on chemical bonding, porosity, and mechanical strength[J]. Cement and Concrete Composites, 2018. 93, 175-185.

[77] FARINHA C B, BRITO J D, VEIGA R, et al. Wastes as aggregates, binders or additions in mortars: selecting their role based on characterization[J]. Materials, 2018. 11(3), 453.

[78] ZAHEDI A, TROTTIER C, SANCHEZ L F M, et al. Microscopic assessment of ASR-affected concrete under confinement conditions[J]. Cement and Concrete Research, 2021, 145: 106456.

[79] ZHANG G, LI G. Effects of mineral admixtures and additional gypsum on the expansion performance of sulphoaluminate expansive agent at simulation of mass concrete environment[J]. Construction

and Building Materials，2016，113：970-978.

[80] HAY R，STERTAG C P O. New insights into the role of fly ash in mitigating alkali-silica reaction（ASR）in concrete[J]. Cement and Concrete Research，2021，144：106440.

[81] DONG K，NI G，NIE B，et al. Effect of polyvinyl alcohol/aluminum microcapsule expansion agent on porosity and strength of cement-based drilling sealing material[J]. Energy，2021. 224，119966.

[82] ICHIKAWA T，MIURA M. Modified model of alkali-silica reaction[J]. Cement and Concrete Research，2007，37(9)：1291-1297.

[83] ZHANG G，QIU D，WANG S，et al. Effects of plastic expansive agent on the fluidity，mechanical strength，dimensional stability and hydration of high performance cementitious grouts[J]. Construction and Building Materials，2020，243：118204.

[84] HE J，LONG G，MA K，et al. Influence of fly ash or slag on nucleation and growth of early hydration of cement[J]. Thermochimica Acta，2021，701：178964.

[85] CHEN N，WANG P M，ZHAO L Q，et al. Water retention mechanism of HPMC in cement mortar[J]. Materials，2020. 13(13)，2918.

[86] MASTALI M，DALVAND A，SATTARIFARD A R. The impact resistance and mechanical properties of reinforced self-compacting concrete with recycled glass fibre reinforced polymers[J]. Journal of Cleaner Production，2016，124：312-324.

[87] ZHOU L，GOU M，GUAN X. Hydration kinetics of cement-calcined activated bauxite tailings composite binder[J]. Construction and Building Materials，2021，301：124296.

[88] YAN Y，SCRIVERER K L，YU C，et al. Effect of a novel starch-based temperature rise inhibitor on cement hydration and microstructure development：The second peak study[J]. Cement and Concrete Research，2021. 141，106325.

[89] ZHAO X，LIU C，ZUO L，et al. Investigation into the effect of calcium on the existence form of geopolymerized gel product of fly ash based geopolymers[J]. Cement and Concrete Composites，2019，103：279-292.

[90] LUCAS J，DE BRITO J，VEIGA R，et al. The effect of using sanitary ware as aggregates on rendering mortars' performance[J]. Materials & Design，2016，91：155-164.

[91] SEBAIBI N，BENZERZOUR M，ABRIAK N E. Influence of the distribution and orientation of fibres in a reinforced concrete with waste fibres and powders[J]. Construction and Building Materials，2014，65：254-263.

[92] RODIN H，NASSIRI S，ENG LUND K，et al. Recycled glass fiber reinforced polymer composites incorporated in mortar for improved mechanical performance[J]. Construction and Building Materials，2018，187：738-751.

[93] GARCiA D，VEGAS I，CACHO I. Mechanical recycling of GFRP waste as short-fiber reinforcements in microconcrete[J]. Construction and Building Materials，2014，64：293-300.

[94] MASTALI M，DALVAND A，SATTARIFARD A R，et al. Characterization and optimization of hardened properties of self-consolidating concrete incorporating recycled steel，industrial steel，polypropylene and hybrid fibers[J]. Composites Part B：Engineering，2018，151：186-200.

[95] ASTM. Standard test method for potential alkali reactivity of aggregates（mortar-bar method），ASTM C1260-21 [S]. 2021，ASTM International：West Conshohocken.

[96] ZHOU B Y，ZHANG M，WANG L，et al. Experimental study on mechanical property and microstructure of cement mortar reinforced with elaborately recycled GFRP fiber[J]. Cement and Concrete Composites，2021，117：103908.

［97］ ZHOU B Y，ZHANG M，MA G W．Effect of all-component recycled GFRP on physical-mechanical properties and microstructures of concrete［J］．Materials Science Forum，2021．1036，402-418.

［98］ FELEKOǦLU B，TOSUN-FELEKOǦLU K，GÖDEK E．A novel method for the determination of polymeric micro-fiber distribution of cementitious composites exhibiting multiple cracking behavior under tensile loading［J］．Construction and Building Materials，2015，86：85-94.

［99］ NOVAIS R M，CARVALHEIRAS J，SEABRA M P，et al．Effective mechanical reinforcement of inorganic polymers using glass fibre waste［J］．Journal of Cleaner Production，2017．166，343-349.

［100］ 胡春红，王彦伟，朱昌星．碳纤维增强聚合物水泥注浆材料力学性能及其微观机理［J］．硅酸盐通报，2022，41(1)：20-26＋50.

［101］ 国家市场监督管理总局，国家标准化管理委员会．水泥胶砂强度检验方法(ISO 法)：GB/T 17671—2021［S］．北京：中国标准出版社，2021.

［102］ ASTM．Standard practice for use of apparatus for the determination of length change of hardened cement paste，mortar，and concrete：ASTM C490-2001［S］，2002.

［103］ STYNOSKI P，MONDAL P，MARSH C．Effects of silica additives on fracture properties of carbon nanotube and carbon fiber reinforced Portland cement mortar［J］．Cement and Concrete Composites，2015，55：232-240.

［104］ WANG C，JIAO G，LI B，et al．Dispersion of carbon fibers and conductivity of carbon fiber-reinforced cement-based composites［J］．Ceramics International，2017，43(17)，15122-15132.

［105］ WANG C，LI K，LI H，et al．Effect of carbon fiber dispersion on the mechanical properties of carbon fiber-reinforced cement-based composites［J］．Materials Science and Engineering：A，2008，487 (1-2)，52-57.

［106］ CEHN Q，CHEN Z，LI C，et al．Effect of dispersants on dispersion of glassfiber suspensions［J］．Asian Journal of Chemistry，2014，26(16)，5100-5104.

［107］ STEIN H N，STEVELS J M．Influence of silica on the hydration of 3CaO，SiO₂［J］．Journal of Applied Chemistary，1964，14(8)：338-346.

［108］ SAKULICH A R，LI V C．Nanoscale characterization of engineered cementitious composites (ECC)［J］．Cement and Concrete Research，2011，41(2)：169-175.

［109］ 张素风，孙召霞，庞元富．玻璃纤维分散性能的研究［J］，中国造纸．2013，32(8)：33-36.

［110］ 侯涛，徐仁扣．胶体颗粒表面双电层之间的相互作用研究进展［J］，土壤，2008(3)：377-381.

［111］ NANNI A，MEAMARIAN N．Distribution and opening of fibrillated polypropylene fibers in concrete［J］．Cement and Concrete Composites，1991，13(2)：107-114.

［112］ BÉNARD P，GARRAULT S，NONAT A，et al．Hydration process and rheological properties of cement pastes modified by orthophosphate addition［J］．Journal of the European Ceramic Society，2005，25(11)：1877-1883.

［113］ 孔祥明，路振宝，石晶，等．磷酸及磷酸盐类化合物对水泥水化动力学的影响［J］．硅酸盐学报，2012，40(11)：1553-1558.

［114］ 谭洪波，林超亮，马保国，等．磷酸盐对普通硅酸盐水泥早期水化的影响［J］．武汉理工大学学报，2015，37(2)：1-4.

［115］ ZHANG H，SARKER P K，WANG Q，et al．Strength and toughness of ambient-cured geopolymer concrete containing virgin and recycled fibres in mono and hybrid combinations［J］．Construction and Building Materials，2021，304，124649.

［116］ 施潇韵．水灰比对水泥净浆凝结时间的影响［J］．四川水泥，2018(7)：8.

［117］ XUN W，WU C，LI J，et al．Effect of Functional Polycarboxylic Acid Superplasticizers on Mechanical and Rheological Properties of Cement Paste and Mortar[J]. Applied Sciences, 2020, 10 (16): 5418.

[118] ABBAS S, SOLIMAN A M, NEHDI M L. Exploring mechanical and durability properties of ultra-high performance concrete incorporating various steel fiber lengths and dosages[J]. Construction and Building Materials, 2015. 75, 429-441.

[119] KIZILKANAT A B, KABAY N, AKYÜNCÜ V, et al. Mechanical properties and fracture behavior of basalt and glass fiber reinforced concrete: An experimental study[J]. Construction and Building Materials, 2015, 100: 218-224.

[120] WANG S, LE H T N, POH L H, et al. Effect of high strain rate on compressive behavior of strain-hardening cement composite in comparison to that of ordinary fiber-reinforced concrete [J]. Construction and Building Materials, 2017. 136, 31-43.

[121] YAZDANBAKHSH A, BAN K L C, RIEDER K A, et al. Concrete with discrete slender elements from mechanically recycled wind turbine blades[J]. Resources, Conservation and Recycling, 2018, 128: 11-21.

[122] LIN H, LIU H, LI Y, et al. Thermal stability, pore structure and moisture adsorption property of phosphate acid-activated metakaolin geopolymer[J]. Materials Letters, 2021, 301.

[123] SENCU R M, YANG Z, WANG Y C, et al. Generation of micro-scale finite element models from synchrotron X-ray CT images for multidirectional carbon fibre reinforced composites[J]. Composites Part A: Applied Science and Manufacturing, 2016, 91: 85-95.

[124] CAO S, YILMAZ E, YIN Z, et al. CT scanning of internal crack mechanism and strength behavior of cement-fiber-tailings matrix composites[J]. Cement and Concrete Composites, 2021: 116.

[125] YANG X, JU B F, KERSEMANS M. Assessment of the 3D ply-by-ply fiber structure in impacted CFRP by means of planar ultrasound computed tomography (pU-CT) [J]. Composite Structures, 2022, 279, 114745.

[126] MILETIĆ M, KUMAR L M, ARNS J Y, et al. Gradient-based fibre detection method on 3D micro-CT tomographic image for defining fibre orientation bias in ultra-high-performance concrete [J]. Cement and Concrete Research, 2020, 129, 105962.

[127] NAGURA A, OKAMOTO K, ITOH K, et al. The Ni-plated carbon fiber as a tracer for observation of the fiber orientation in the carbon fiber reinforced plastic with X-ray CT [J]. Composites Part B: Engineering, 2015. 76, 38-43.

[128] WANG R, GAO X, ZHANG J, et al. Spatial distribution of steel fibers and air bubbles in UHPC cylinder determined by X-ray CT method[J]. Construction and Building Materials, 2018, 160: 39-47.

[129] SHIBATA M, OKAZAKI S, UJIKE I. Acquisition of capillary pore structure by X-Ray CT and visualization of flow by numerical analysis[J]. Advanced Materials Research, 2013. 845, 163-167.

[130] WILLIAMS J J, FLOM Z, AMELL A A, et al. Damage evolution in SiC particle reinforced Al alloy matrix composites by X-ray synchrotron tomography [J]. Acta Materialia, 2010. 58(18), 6194-6205.

[131] NOVAIS R M, BURUBERRI L H, ASCENSÃO G, et al. Porous biomass fly ash-based geopolymers with tailored thermal conductivity[J]. Journal of Cleaner Production, 2016, 119: 99-107.

[132] HOU L, LI J, LU Z, et al. Influence of foaming agent on cement and foam concrete[J]. Construction and Building Materials, 2021, 280: 122399.

[133] YAOWARAT T, HORPIBULSUK S, ARULRAJAH A, et al. Compressive and flexural strength

of polyvinyl alcohol – modified pavement concrete using recycled concrete aggregates [J]. Journal of Materials in Civil Engineering, 2018. 30(4), 04018046.

[134]　YAZDANBAKHSH A, GRASLEY Z, TYSON B, et al. Distribution of carbon nanofibers and nanotubes in cementitious composites [J]. Transportation Research Record, 2010, 2142（1）: 89-95.

[135]　ŞIMŞEK B, DORUK S, CORAN Ö, et al. Principal component analysis approach to dispersed graphene oxide decorated with sodium dodecyl sulfate cement pastes[J]. Journal of Building Engineering, 2021, 38: 102234.

[136]　WU J, ZHANG Z, ZHANG Y, et al. Preparation and characterization of ultra-lightweight foamed geopolymer（UFG）based on fly ash-metakaolin blends[J]. Construction and Building Materials, 2018, 168: 771-779.

[137]　李志成，严亮，杨久俊. 高吸水保水材料对水泥浆体性能的影响[J]. 混凝土，2013(10)：76-78.

[138]　吴磊，赵志曼，全思臣，等. 短切纤维对磷建筑石膏工作性能的影响研究[J]. 硅酸盐通报，2019，38(10)：3087-3092＋3110.

[139]　RICKARD W D A, VICKERS L, VAN RIESSEN A. Performance of fibre reinforced, low density metakaolin geopolymers under simulated fire conditions [J]. Applied Clay Science, 2013. 73, 71-77.

[140]　BATOOL F, BINDIGANAVILE V. Fresh properties of fiber reinforced cement-based foam with pozzolans [J]. Iranian Journal of Science and Technology, Transactions of Civil Engineering, 2020. 44(S1): p. 253-264.

[141]　张高展，葛竞成，丁庆军，等. 轻质超高性能混凝土的制备及性能形成机理[J]. 硅酸盐学报，2021，49(2)：381-390.

[142]　中华人民共和国国家质量监督检验检疫总局，中国国家标准化管理委员会. 绝热材料稳态热阻及有关特性的测定-防护热板法：GB/T 10294—2008[S]. 北京：中国标准出版社，2008：52.

[143]　周学军，咸国栋，王振，等. 高强度低导热泡沫混凝土性能研究[J]. 硅酸盐通报，2021，40(4)：1186-1192.

[144]　中华人民共和国住房和城乡建设部. 建筑碳排放计算标准：GB/T 51366—2019[S]. 北京：中国建筑工业出版社，2019：79.

[145]　中华人民共和国住房和城乡建设部. 硬泡聚氨酯板薄抹灰外墙外保温系统材料：JG/T 420—2013[S]. 北京：中国标准出版社，2014：22.

[146]　中华人民共和国国家质量监督检验检疫总局，中国国家标准化管理委员会. 绝热用岩棉、矿渣棉及其制品：GB/T 11835—2016[S]. 北京：中国标准出版社，2016：28.

[147]　田中华，杨泽亮，蔡睿贤. 电力行业对地区节能和碳排放强度下降目标贡献分析[J]. 中国电力，2015，48(3)：150-155.

[148]　李阳. 利用工业固体废弃物生产建材的碳排放分析[J]. 粉煤灰，2012，24(3)：20-24.

[149]　MARA V, HAGHANI R, HARRYSON P. Bridge decks of fibre reinforced polymer（FRP）: A sustainable solution[J]. Construction and Building Materials, 2014，50：190-199.

[150]　TURNER L K, COLLINS F G. Carbon dioxide equivalent（CO2-e）emissions: A comparison between geopolymer and OPC cement concrete [J]. Construction and Building Materials, 2013. 43, 125-130.

[151]　DEMOL M, et al. All abstracts for the ICOS science conference 2020 [C]. 2020-7-21.

[152]　SCHOWANEK D, BORSBOOM-PATEL T, BOUVY A, et al. New and updated life cycle inventories for surfactants used in European detergents: summary of the ERASM surfactant life cycle

and ecofootprinting project[J]. The International Journal of Life Cycle Assessment，2017，23(4)：867-886.

[153] PATEL M，THEIß A，WORRELL E. Surfactant production and use in Germany：resource requirements and CO₂ emissions[J]. Resources，Conservation and Recycling，1999，25(1)：61-78.

[154] CHOODONWAI A，KHUNTONG S. Carbon and water footprint analysis of super absorbent polymer [D]. Bangkok：Kasetsart University，2019.

[155] ANDREW R，ANDREWS O，ARORA V，et al. National carbon emissions [R]. 2020-12-09.

[156] 田靖，郝翠彩，崔佳豪，等. 超低能耗建筑不同外墙保温构造基于软件模拟的热工影响分析[J]. 粉煤灰综合利用，2021，35(6)：90-97+120.

[157] YANG Q，HONG B，LIN J，et al. Study on the reinforcement effect and the underlying mechanisms of a bitumen reinforced with recycled glass fiber chips[J]. Journal of Cleaner Production，2020，251：119768.

[158] YANG H，XIONG C，LIU A，et al. The effect of layered double hydroxides intercalated with vitamin b3 on the mechanical properties，hydration and pore structure of cement-based materials [J]，Materials Letters，2021，300，130228.